FFTWと音響処理

FFTWライブラリの利用とWAVファイルの扱い

北山洋幸●著

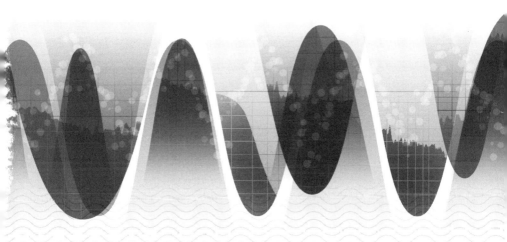

■サンプルファイルのダウンロードについて

　本書掲載のサンプルファイルは、一部を除いてインターネット上の
ダウンロードサービスからダウンロードすることができます。詳しい
手順については、本書の巻末にある袋とじの内容をご覧ください。

　なお、ダウンロードサービスのご利用にはユーザー登録と袋とじ内
に記されている番号が必要です。そのため、本書を中古書店から購入
されたり、他者から貸与、譲渡された場合にはサービスをご利用いた
だけないことがあります。あらかじめご承知おきください。

本書で取り上げられているシステム名／製品名は、一般に開発各社の登録商標／商品
名です。本書では、™および®マークは明記していません。本書に掲載されている団体／
商品に対して、その商標権を侵害する意図は一切ありません。本書で紹介している
URLや各サイトの内容は変更される場合があります。

はじめに

　本書は音響処理の基礎、そしてフィルタの基礎を解説する入門書です。音響やフィルタの理論は解説せず、手っ取り早く音響やフィルタの入門を制覇するための書籍です。主に入門者向けですが、音響処理やフィルタ処理のプロフェッショナルであるが、プログラミングに詳しくない人も対象とします。音響処理やフィルタ処理のプロフェッショナルであっても、理論を実践に移す技術を持ち合わせていない人もいるでしょう。そのような人が理論を実践に移す際に、有益な情報を提供します。このような観点から、WAV ファイルの扱いや、FFTW の使用法も解説します。本書を理解することによって、理論に先立つ WAV ファイルや FFTW の扱いを理解できます。FFT に関しても、最低限の音響や画像を使ったフィルタを紹介します。

　なお、プラットフォーム依存を最小限に抑えたいこともあり、すべてコンソールプログラムとします。開発や実行のプラットフォームに Windows を採用しましたが、Linux などの、ほかのプラットフォームへ移植するのに労力は要求しないでしょう。

　現代においては、音響やフィルタ用のライブラリや API、およびクラスなどが整備されているため、直接音源データを扱う機会は多くありません。しかし、本書を理解すると、生データを使用した音響やフィルタの基礎を学習できるでしょう。本書は、それほど高度なことは行っていません。代わりに、生の音源データを操作する方法や、いくつかの応用プログラム、そしてFFT を使用したフィルタを解説します。

　ぜひ、理論を実践に移す際に、面倒を起こす設定やライブラリの使用法を本書で理解してください。紹介するサンプルプログラムをベースに、高度なプログラミングへ挑戦してください。本書で紹介するプログラムはシンプルですが、高度な応用へ活用できるでしょう。

　本書の対象読者は、
- 音響プログラミング入門者
- FFT 入門者

● フィルタ処理の入門者

です。

微力ながら、本書が音響やフィルタプログラミングのきっかけになること
を期待します。

謝辞

出版にあたり、お世話になった株式会社カットシステムの石塚勝敏氏に深
く感謝いたします。

2017 年 初夏 東大和市桜が丘のカフェにて　北山洋幸

本書の使用にあたって

開発環境、および、実行環境の説明を行います。

■ Windows バージョン

Windows 10 を使用します。Windows 7/8.1/Vista などでも問題ないで
しょうが確認は行っていません。

■ Visual Studio バージョン

無 償 の Visual Studio Community 2017 や Visual Studio Community
2015 を使用します。プロジェクトは Visual Studio Community 2015 で作
成しています。Visual Studio Community 2015 で作成したプロジェクトは、
Visual Studio Community 2017 で読み込むことが可能です。ただし、Visual
Studio Community 2015 のプロジェクトを、Visual Studio Community
2017 で使用するときは、Visual Studio Community 2015 がインストール
されているのが前提です。単独で Visual Studio Community 2017 を使用す
る際は、プロジェクトを自身で作成し、ソースファイルをプロジェクトへ追
加してください。

■ URL

URL の記載がありますが、執筆時点のものであり、変更される可能性も
あります。リンク先が存在しない場合、キーワードなどから自分で検索して
ください。

■ FFTW

FFTW はバージョン 3.3.5 を利用します。特にバージョンへ依存しません
ので、最新の FFTW でも問題は起きないでしょう。

■ DLL

DLL は、Dynamic Link Library（ダイナミックリンクライブラリ）の略
で、動的なリンクによって利用されるライブラリのことです。DLL は、様々

なアプリケーションプログラムから利用される機能を提供するモジュールです。実行ファイルが実行時に動的にリンクして使用します。動的にリンクするため、重複したコードを共有化しメモリ占有量を低減できます。また、DLL 化することによってソースの管理も簡素化されます。ダイナミックリンクライブラリに対し、スタティックリンクライブラリは、リンカーで静的に実行ファイルと結合します。このためメモリを多く占有するとともに、ライブラリを変更したときに、実行ファイル自体もビルドを行う必要があります。

用語

■ディレクトリとフォルダ

これまでディレクトリが使われていたため、システムの生成するメッセージでさえ、いまだにディレクトリを使用している場合もあります。本書では、なるべくフォルダへ統一を心がけました。しかし、フォルダとディレクトリが混在しています。

■ FFT と高速フーリエ変換

FFT は Fast Fourier Transform の略で、高速フーリエ変換のことです。本書では、FFT とフーリエ変換を等価に扱っていますが、FFT は離散フーリエ変換（DFT：Discrete Fourier Transform）を高速に計算するアルゴリズムであって、明確にはカテゴリの異なる用語です。

■ FFT と IFFT

FFT は高速フーリエ変換のことで、IFFT（Inverse FFT）は逆変換を行います。

■ FFTW と FFT

FFTW は "Fastest Fourier Transform in the West" の略です。FFT は一般名詞、FFTW は固有のライブラリを指します。FFTW は、離散フーリエ変換

を行うライブラリで、マサチューセッツ工科大学のマテオ・フリゴ（Matteo Frigo）とスティーブン・ジョンソン（Steven G. Johnson）によって開発されたライブラリです。

■ FIR

FIR とは、Finite Impulse Response の略で、有限インパルス応答のことで、デジタルフィルタの一種です。

目 次

はじめに iii

■ 第1章　Visual Studio のインストール　1

1.1　Visual Studio Community 2017 のインストール........................... 2
1.2　Visual Studio Community 2015 のインストール........................... 9

■ 第2章　FFTW のインストール　15

2.1　インストール 16

■ 第3章　環境設定　25

3.1　インクルードファイルとライブラリの設定 26
　　3.1.1　ソースファイルに指定 26
　　3.1.2　Visual Studio のプロパティに設定 26
3.2　環境設定の確認 34
　　3.2.1　確認のためのソースリスト 34
　　3.2.2　Visual Studio 2017 のプロジェクトの作成方法 38

■ 第4章　FFT 概論　45

4.1　フーリエ変換の基礎 46
4.2　単純な FFT と IFFT 51
　　4.2.1　シンプルな FFT プログラム 52
　　4.2.2　シンプルな IFFT プログラム 61
4.3　単純な FFT と IFFT・メモリ節約バージョン................................. 69
　　4.3.1　FFT プログラム 71
　　4.3.2　IFFT プログラム 80

viii

目 次

■ 第 5 章　WAV 入門　87

5.1　WAV ファイルをテキストへ変換..88

5.2　テキストを WAV ファイルへ変換 92

5.3　WAV 用クラス...99

　　5.3.1　WAV ファイルフォーマット 99

　　5.3.2　Cwav クラス 100

■ 第 6 章　周波数フィルタ　117

6.1　積和でフィルタ 118

6.2　FFT でフィルタ 128

6.3　FFTW 関数を変更 146

■ 第 7 章　簡単な音響操作　157

7.1　ボリューム変換 158

7.2　バランス変更 163

7.3　カラオケ化..167

7.4　モノラル変換 172

7.5　疑似ステレオ変換 177

7.6　逆再生 185

7.7　暗号化..188

■ 付　録　193

A.1　2 次元の FFT..194

A.2　倍精度小数点で FFT...236

A.3　Visual Studio のバージョン 244

参考文献／参考サイト 249

索 引...250

ix

第1章

Visual Studio の
インストール

1 Visual Studio のインストール

　本書で紹介するプログラムは、プラットフォームや開発環境への依存は多くありません。C++ コンパイラなどは、特に指定しませんが、無料で使用できる Visual Studio Community を使用した例を紹介します。Visual Studio のバージョンは Visual Studio Express 2013 などや Visual Studio Community 2015/2017 など、自身の環境にあるものを、そうでなければ自身の目的に合うものをインストールしてください。

　Visual Studio のインストールは簡単であり、普遍的なものでないため書籍に掲載するような内容ではないでしょう。ダウンロードサイトの URL や、その内容も日々変化しますので、書籍に記述するのは不適当と思われるときもあります。ただ、初心者は右も左も分かりませんので、一例として参考にする目的で簡単に説明します。

1.1 Visual Studio Community 2017 のインストール

　本書は主に Visual Studio Community 2015 を使用します。現実の開発現場では、現在の資産との関係で一世代あるいは二世代古いバージョンを使用するのはよくあることです。また、古いバージョンで開発したプロジェクトは、新しいバージョンで読み込めるため、開発したプロジェクトは両方で使用できます。

　ここでは、執筆時点の最新バージョンである、Visual Studio Community 2017 のインストールについて簡単に解説します。まず、マイクロソフト社の Web サイト（https://www.visualstudio.com/ja/vs/）を開きます。［Visual Studio のダウンロード］にマウスカーソルを合わせるとドロップダウンが現れますので［Community］を選択します。

図1.1●Visual Studio Community 2017のインストール①

　ページが切り替わり、しばらくするとダウンロードが完了します。ブラウザの下部にファイルが現れますので、クリックしてインストーラを起動します。

図1.2●Visual Studio Community 2017のインストール②

　しばらくして、インストールの用意が整うと、ライセンス条項へ同意するか問い合わせるダイアログボックスが現れます。ライセンス条項へ同意すると、インストールが始まります。

図1.3●Visual Studio Community 2017のインストール③

1 Visual Studio のインストール

　しばらくすると、以降に示す画面が現れます。ここでは C++ しか使用しませんので、そのボックスを選択します。

図1.4●Visual Studio Community 2017のインストール④

1.1 Visual Studio Community 2017 のインストール

すると、右側にインストールする項目が現れます。デフォルトでは、「Windows 8.1 SDK と UCRT SDK」にチェックが入っていませんので、チェックしてください。そして「インストール」をクリックします。項目の意味が分からない場合は、すべてにチェックを付けておくと安全です。

図1.5●Visual Studio Community 2017のインストール⑤

このように必要なものだけインストールすることによって、インストール時間やディスクの容量を削減できます。この例では、本書で不要なものも含まれていますが、構わず［インストール］を選択します。

1 Visual Studio のインストール

　しばらくインストール作業が続きますので、ほかの作業などをしながら終わるのを待ちましょう。インストールが終わると、[インストール済み] が現れますので、さっそく Visual Studio を起動します。

図1.6●Visual Studio Community 2017のインストール⑥

図1.7●Visual Studio Community 2017のインストール⑦

Visual Studio が起動し、サインインを求められますが［後で行う］をクリックしましょう。サインインは後で行っても構いません。すぐに、［開発設定］や［配色テーマの選択］ダイアログが現れます。自分の好みの設定を行ってください。ここでは何も変更せず［Visual Studio の開始］を押します。

図1.8●Visual Studio Community 2017の起動①

しばらくするとスタートページが現れます、これで Visual Studio Community 2017 が使用できるようになります。

図1.9●Visual Studio Community 2017の起動②

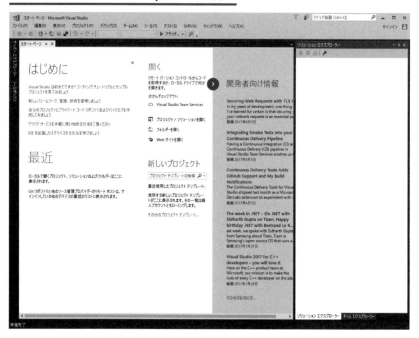

 以上で、Visual Studio Community 2017 のインストールは完了です。
 しばらく Visual Studio Community は無償で利用できますが、アカウントを作成しサインインしないと、利用が制限されます。メールアドレスとパスワードを用意してマイクロソフト社用のアカウントを作成するとよいでしょう。Visual Studio Community を無償で利用できる期間の終わりが迫ると案内が表示されますので、それに従ってアカウントを作成しましょう。もちろん、既にアカウントを作成済みであれば、そのアカウントを利用できます。あるいは使用期限が迫る前に、早めにアカウントを作成するのもよいでしょう。

1.2 Visual Studio Community 2015 のインストール

Visual Studio Community 2015 のインストールについても解説してお きます。MSDN などからもダウンロードできますが、ここではマイクロソ フト社の Web サイトを開き、ダウンロードしてインストールする例を示し ます。Visual Studio Community 2017 を利用すると、本書で紹介するプロ ジェクトは、Visual Studio Community 2015 のプロジェクトも読み込めま すので、積極的に Visual Studio Community 2015 をインストールする必要 性はありません。ただ、チームで開発を行う場合や、プロジェクトが継続し ている場合、少し古いバージョンを利用することはよくあることですので、 Visual Studio Community 2015 のインストールにも触れておきます。

なお、ダウンロードサイトの URL やページ内の記述は頻繁に変更される ため参考程度にしてください。

マイクロソフト社の Web サイトを開き、Visual Studio Community 2015 をダウンロードします。見つからない場合は、[Visual Studio Community 2015] や [Visual Studio Community 2015 iso] を検索するとよいでしょう。

図1.10●Visual Studio Community 2015のインストール①

1 Visual Studio のインストール

ここでは、使用したいファイルを選択し、ダウンロードします。

図1.11●Visual Studio Community 2015のインストール②

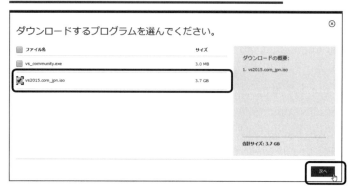

画面が切り替わりますので、しばらくするとダウンロードが完了します。この方法ではisoファイルがダウンロードされますので、このファイルをマウントしインストールを行います。

図1.12●Visual Studio Community 2015のインストール③

うまくマウントできない場合、[ダウンロード] フォルダを開くと iso ファイルが存在します。そのファイルをマウスの右ボタンでクリックし、[エクスプローラー] を選ぶとマウントされます。Windowsを自動再生に設定してあれば、インストーラが起動します。もし、インストーラが起動しない場合、マウントしたドライブに exe ファイルが存在しますので、そのプログラムを起動します。

図1.13●isoファイルのマウント

　しばらく待たされますが、インストールの用意が整うと、ライセンス条項などへ同意する旨のダイアログボックスが現れます。インストールはカスタマイズできますが、ここでは何も変更せず［既定］にチェックが付いた状態で［インストール］を押します。これを行うとすべての開発環境がインストールされます。長時間を要しますので、もしC++だけしか使う予定がない場合、［カスタム］を選び、自身が必要とする環境だけをインストールするのもよいでしょう。

図1.14●Visual Studio Community 2015のインストール④

すると、インストールが始まり、その状態が表示されます。インストールにはしばらく時間を要しますので、完了するまで待ちましょう。

図1.15●Visual Studio Community 2015のインストール⑤

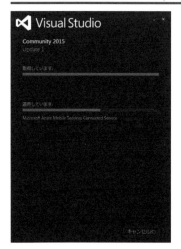

インストールが完了すると、完了メッセージが現れます。［起動］を押してVisual Studio Community 2015を起動します。

図1.16●Visual Studio Community 2015のインストール⑥

しばらくすると Visual Studio が起動します。サインインを求められますが［後で行う］をクリックすると、サインインは後で行っても構いません。すぐに、［開発設定］や［配色テーマの選択］ダイアログが現れます。自分の好みの設定を行ってください。ここでは何も変更せず［Visual Studio の開始］を押します。

図1.17●Visual Studio Community 2015の起動①

しばらくするとスタートページが現れます、これで Visual Studio Community 2015 が使用できるようになります。アップデートが多数通知されるときがありますので、適宜アップデートしてください。

図1.18●Visual Studio Community 2015の起動②

以上で、Visual Studio Community 2015 のインストールは完了です。

第2章

FFTWの
インストール

2 FFTW のインストール

　FFT 処理を行いたい場合、既に広く利用されているライブラリを採用するのは賢明な方法です。たくさんの FFT ライブラリが公開されていますが、本節では高速であり、かつ GPL ライセンスを採用している FFTW を解説します。FFTW（Fastest Fourier Transform in the West の略）、は離散フーリエ変換（DFT）を計算するためのライブラリで、マサチューセッツ工科大学で開発されました。このライブラリは、高速フーリエ変換（FFT）を実装したフリーソフトウェアの中では、もっとも高速であるとされています。ただ、ほかにも高速を謳い、インタフェースも FFTW に近いものが存在しますので、自身の目的に最適なものを使用するとよいでしょう。

　本章では、FFTW のインストールや、環境設定について簡単に説明します。実際のプログラムについては、後述します。本章は、あくまでも FFTW のインストールや環境の設定方法であって、高速フーリエ変換について言及するものではありません。

2.1　インストール

■ ファイルのダウンロード

　FFTW は単に DLL などのファイルの集合で提供されます。インストールしても環境に影響は与えませんので、気軽に使用できます。アンインストールは単にファイルを削除するのみです。まず、FFTW の Web サイトを開きます（http://fftw.org/）。

2.1 インストール

図2.1●FFTWのインストール①

上部に表示される［Download］を押します。

図2.2●FFTWのインストール②

すると、ダウンロードのページが開きます（http://fftw.org/download. html）。FFTWは、複数の環境をサポートしていますし、バイナリだけでな

17

くソースファイルも公開しています。ここでは、Windows 用を使用しますので、[here for Windows] をクリックします。

図2.3●FFTWのインストール③

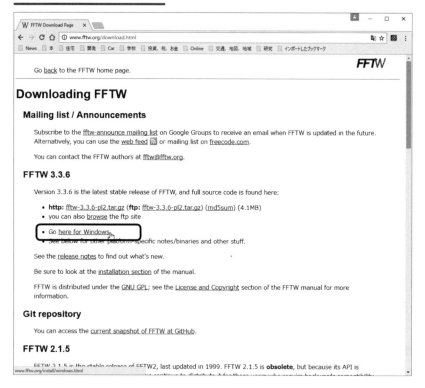

すると、Windows 用のライブラリをダウンロードするページへジャンプします（http://fftw.org/install/windows.html）。開いたページには、FFTW に関しての情報が書かれています。本書では 64 ビットバージョンを使用しますので、[64-bit version:] の [fftw-3.3.5-dll64.zip] を押します。32 ビットバージョンを使用したい場合は、[32-bit version:] の [fftw-3.3.5-dll32.zip] を押します。

　バージョンが変わると、クリックする部分の表示が変わります。本書の執筆時点のバージョンは 3.3.5 でした。本ページには Windows で使用する際

の注意なども書かれていますので、一通り目を通すとよいでしょう。

図2.4●FFTWのインストール④

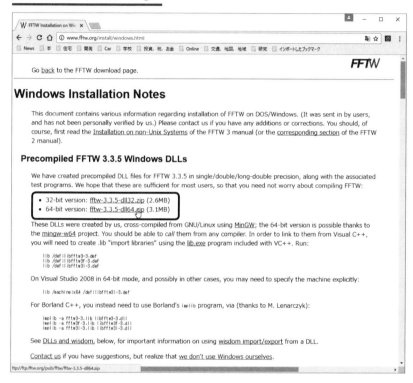

FFTW のインストール

■ ファイルの解凍

　ファイルのダウンロードが終了したら、すべて展開します。今回は、分かりやすいように、ルートへ展開します。

図2.5●ファイルの解凍

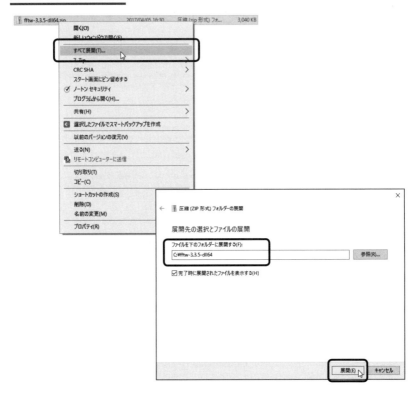

　解凍先は［C:¥fftw-3.3.5-dll64］です。解凍したファイルには DLL など、実行に必要なファイルは含まれますが Visual C++ で必要とする .lib ファイルは含まれません。

図2.6●解凍したファイル

■ lib の作成

ビルド時に必要な .lib ファイルを lib コマンドを使用して作成します。

コマンドプロンプトを起動して FFTW をインストールしたフォルダへ移動し、以下の 3 つのコマンドを入力します。

```
lib /machine:x64 /def:libfftw3f-3.def
lib /machine:x64 /def:libfftw3-3.def
lib /machine:x64 /def:libfftw3l-3.def
```

すると、以下の .lib ファイルが生成されます。

```
libfftw3-3.lib    （倍精度用）
libfftw3f-3.lib   （単精度用）
libfftw3l-3.lib   （ロング精度用）
```

2 FFTW のインストール

　FFTW は、単精度浮動小数点、倍精度浮動小数点、そしてロング精度浮動小数点をサポートしています。fftw の関数名にサフィックスが付いていないものが倍精度浮動小数点用で、f が付くと単精度浮動小数点用、l が付くとロング精度浮動小数点用です。一例を下記に表で示します。

精度	関数名
倍精度	fftw_plan_dft_r2c_1d
単精度	fftw**f**_plan_dft_r2c_1d
ロング精度	fftw**l**_plan_dft_r2c_1d

　lib コマンドに対しエラーが表示される場合があります。

```
C:¥fftw-3.3.5-dll164>lib /machine:x64 /def:libfftw3f-3.def
'lib' は、内部コマンドまたは外部コマンド、
操作可能なプログラムまたはバッチ ファイルとして認識されていません。
```

　そのような場合は、Visual Studio の開発者コマンドプロンプトを使用してください。Visual Studio の開発者コマンドプロンプトは、Visual Studio をインストールすると一緒にインストールされます。スタートメニューから Visual Studio を探すと、その中に［開発者コマンドプロンプト for VS 20xx］（もしくは［Developer Command Prompt for VS 20xx］）が存在しますので、それを使用します。xx は、インストールした Visual Studio のバージョンによって異なります。
　.def ファイルは単に dll がエキスポートしている関数を並べているだけです。テキストファイルですので、どのような関数があるかは、エディタで開けばすぐに分かります。
　以降に、実際に .def ファイルから .lib を生成する様子を示します。

```
C:¥fftw-3.3.5-dll164>lib /machine:x64 /def:libfftw3f-3.def
Microsoft (R) Library Manager Version 14.00.24210.0
Copyright (C) Microsoft Corporation.  All rights reserved.
```

2.1 インストール

```
  ライブラリlibfftw3f-3.lib とオブジェクトlibfftw3f-3.exp を作成中

C:¥fftw-3.3.5-dll64>lib /machine:x64 /def:libfftw3-3.def
Microsoft (R) Library Manager Version 14.00.24210.0
Copyright (C) Microsoft Corporation.  All rights reserved.

  ライブラリlibfftw3-3.lib とオブジェクトlibfftw3-3.exp を作成中

C:¥fftw-3.3.5-dll64>lib /machine:x64 /def:libfftw31-3.def
Microsoft (R) Library Manager Version 14.00.24210.0
Copyright (C) Microsoft Corporation.  All rights reserved.

  ライブラリlibfftw31-3.lib とオブジェクトlibfftw31-3.exp を作成中
```

これで FFTW のインストールは完了です。

第3章

環境設定

| 3 | 環境設定 |

大げさに環境設定と書きましたが、DLL やライブラリの位置を Visual Studio や Windows へ知らせます。FFTW のインクルードファイルやライブラリファイルの在所を教えること、そして実行時に必要なファイル在所を教えるだけです。

3.1 インクルードファイルと ライブラリの設定

いろいろな方法があります。まず、もっとも簡単と思われ方法を解説します。

3.1.1 ソースファイルに指定

ソースファイルに直接ヘッダファイルとライブラリファイルをフルパスで指定します。簡単ですが、ヘッダファイルとライブラリファイルを格納しているフォルダまで指定しなければなりません。このため格納しているフォルダが変更された場合、ソースファイルの変更が必要になります。以降に例を示します。

```
#include "/fftw-3.3.5-dll64/fftw3.h"
#pragma comment(lib, "/fftw-3.3.5-dll64/libfftw3f-3.lib")
```

3.1.2 Visual Studio のプロパティに設定

■ ビルドの設定

ソースファイルへ影響のない方法を解説します。まず、プロジェクトを開きます。自分で作ったプロジェクトでも、本書で解説しているプロジェクトでも構いません。本作業はプロジェクトを開いた状態で行います。いずれにしても、何かプロジェクトを開いた状態で行ってください。

3.1 インクルードファイルとライブラリの設定

①プロジェクトプロパティの表示

まず、プロパティページを表示させます。プロジェクトを選択した状態で、メニューから［プロジェクト］→［プロパティ］を選択するか、ソリューションエクスプローラーでプロジェクトを選択し、マウスの右ボタンを押します。すると、メニューが現れますので、［プロパティ］を選択します。

②インクルードフォルダ位置の設定

まず、構成を［すべての構成］へ変更します。そして、［C/C++］－［全般］－［追加のインクルードディレクトリ］へ［C:¥fftw-3.3.5-dll64］を設定します。

図3.1●インクルードディレクトリの設定

3 環境設定

③ライブラリフォルダの設定

次に、[リンカー] - [全般] - [追加のライブラリディレクトリ] へ [C:¥fftw-3.3.5-dll64] を入力します。

図3.2●ライブラリディレクトリの設定

④ライブラリの設定

最後に、[リンカー] - [入力] - [追加の依存ファイル] へ [libfftw3f-3.lib] を入力します。これで、FFTW を使用したプログラムをビルドする設定が完了です。

図3.3●ライブラリディレクトリの設定

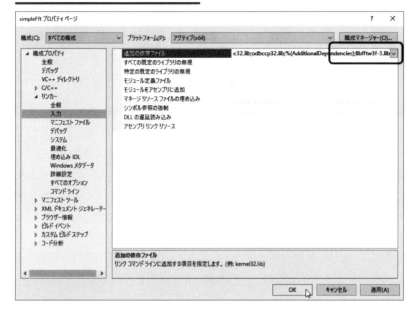

　このようにプロジェクトのプロパティに設定した場合、ソースファイルにはヘッダファイルのインクルードを指定するだけです。

```
#include "fftw3.h"
```

　この方法を採用すると、FFTWを格納したフォルダが変わってもソースファイルを変更する必要はなくなります。
　ヘッダファイルとライブラリファイルを格納しているフォルダが変更された場合、プロジェクトのプロパティを変更するだけです。

■ 実行時のパス

　これまでの解説でプログラムのビルドまでできるようになります。しかし、実行するにはDLLの所在が分からないと、実行時エラーとなってしまいます。そこで、プログラムの実行に先立ち、パスの指定を行います。

毎回パスを設定

以降に設定例を示します。

```
C:\>set PATH=C:\fftw-3.3.5-dl164;%PATH%
```

PATH 環境変数に FFTW の所在を指定します。このようにすると、環境変数が肥大化しないためコンソールを開くたびに、このコマンドを入力するのもよいでしょう。%PATH% は、これ以前の PATH 環境変数の内容です。%PATH% の指定を忘れると、これまでの指定が無効になりますので必ず入力してください。この環境変数が有効なのは、この設定を行ったコンソールから起動したものだけです。繰り返しになりますが、パスは使用者の環境に依存します。

恒常的に FFTW を使用する場合、システムの環境変数に FFTW をインストールしたフォルダ名を追加するのもよいでしょう。これについては以降に説明します。

FFTW 自体の高速化

FFTW は並列化やベクトル化にも対応しています。それらに最適化させるには FFTW 自体をリコンパイルする必要があります。そのような情報については、FFTW の Web サイトに詳細な解説がされていますので、興味のある人は挑戦してみるのもよいでしょう。

システムの環境変数へ設定

恒常的に FFTW を使用する場合、システムの環境変数に FFTW をインストールしたフォルダ名を追加するのもよいでしょう。

3.1 インクルードファイルとライブラリの設定

①コントロールパネルの［システムとセキュリティ］→［システム］→［システムの詳細設定］をクリックして［システムのプロパティ］ウィンドウを表示させます。

図3.4●［システムの詳細設定］を選択

②[詳細設定]タブのページを開き、[環境変数]をクリックします。すると、[環境変数]ウィンドウが現れます。[環境変数]ウィンドウの、[システム環境変数]の[Path]を選択した状態で[編集]を選択します。

図3.5● [システム環境変数] の [Path] を編集

③すると、[環境変数名の編集]ウィンドウが表示されますので、[新規]を押します。そして[C:¥fftw-3.3.5-dll64]を入力します。

図3.6●システム環境変数のPathを編集

3.1 インクルードファイルとライブラリの設定

設定が有効になるのはいつ

システム環境変数を変更した場合、使用中のプログラムは一旦終了させ、再起動してください。例えば、Visual Studio を使用中に環境変数を変更した場合、開発中のプロジェクトをいったん保存し、Visual Studio を再起動してください。

これで、実行時の設定も完了です。

3 環境設定

3.2 環境設定の確認

3.2.1 確認のためのソースリスト ·····················

Visual Studio や FFTW のインストールや設定が正常かチェックします。まず、空のコンソールプロジェクトを作成します。そして、以降に示すソースコードを新規に追加します。

リスト3.1●ソースリスト

```
#include "fftw3.h"

int main(int argc, char *argv[])
{
    fftwf_complex * buf = (fftwf_complex *)fftwf_malloc(10);

    buf[0][0] = 0.0f;
    buf[0][1] = 0.0f;

    fftwf_free(buf);    // メモリ解放

    return 0;
}
```

プロジェクトの様子を示します。ヘッダファイルを Visual Studio が探せないと、解決できない宣言などにマークが付きます。

図3.7●ヘッダファイルを参照できない

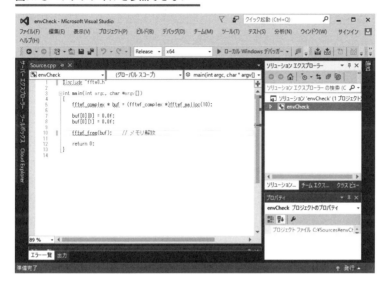

ヘッダファイルのパスなどが正常に設定されていると、ソースコードに対し何もマークは付きません。

図3.8●ヘッダファイルを参照できる

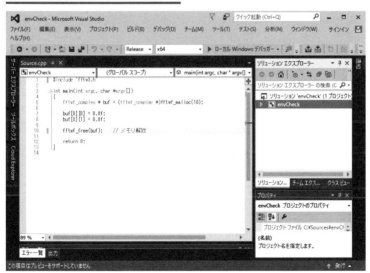

3 環境設定

　ヘッダファイルの参照ができるようなので、ビルドしてみます。コンパイルはできますがリンクができません。これは、Visual Studio が .lib ファイルを見つけられず、外部参照を解決できないためです。

図3.9●ライブラリファイルを参照できない

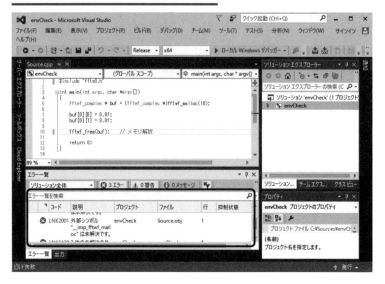

3.2 環境設定の確認

　ヘッダファイルやライブラリファイルの参照ができるように設定し、再びビルドします。

図3.10●参照を設定し再ビルド

　正常にビルドできます。早速、実行させてみましょう。

図3.11●DLLを探せない

DLLを参照できるように環境変数を設定していないと、実行時にエラーとなります。パスを設定後、再び実行します。今度は、正常に動作します。

図3.12●パスを設定し実行

ビルドから実行まで正常に処理されました。これで、環境設定に間違いがないことを確認できます。

3.2.2 Visual Studio 2017 のプロジェクトの作成方法

初心者、ならびに Visual Studio 2017 を利用している人のために、丁寧にプロジェクトの作成方法を箇条書きで説明します。

①Visual Studio 2017 を起動します。

図3.13●Visual Studio 2017を起動

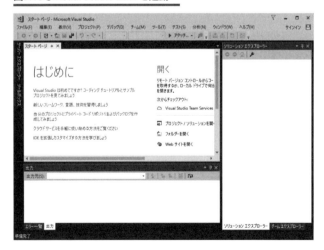

38

②[ファイル]－[新規作成]－[プロジェクト]を選びます。

図3.14●新規作成

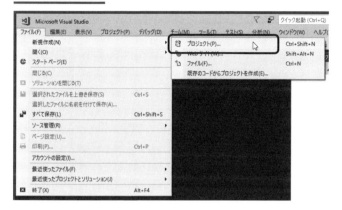

③[Visual C++]－[Win32コンソールアプリケーション]を選びます。プロジェクトの場所や名前も決定します。

図3.15●[Win32コンソールアプリケーション]を選択する

④［Win32 アプリケーション ウィザード］が現れます。何も変更せず［次へ］を押します。

図3.16●Win32アプリケーション ウィザード

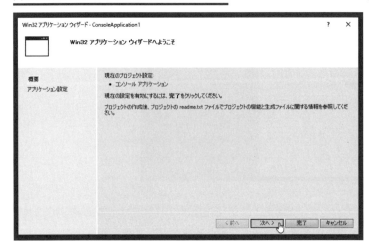

⑤［コンソールアプリケーション］が選択されていることを確認し、［空のプロジェクト］にチェックを入れて［完了］を押します。

図3.17●［空のプロジェクト］にチェック

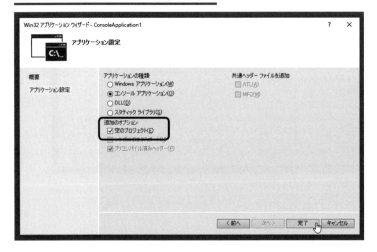

3.2 環境設定の確認

⑥プロジェクトができ上った様子を示します。このプロジェクトは空です。

図3.18●プロジェクトができ上った

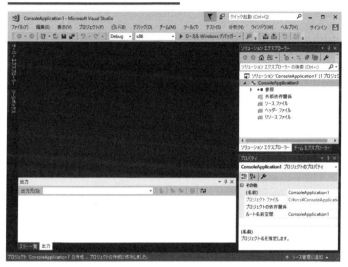

⑦このプロジェクトにソースファイルを追加します。まず、［プロジェクト］－［新しい項目の追加］を選びます。

図3.19●新しい項目の追加

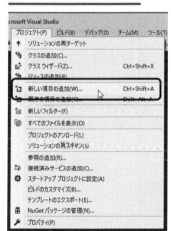

⑧[Visual C++] − [C++ ファイル]を選びます。ファイル名も決定します。

図3.20● [C++ ファイル] を選ぶ

⑨プロジェクトにソースファイルが追加された様子を示します。

図3.21●ソースファイルが追加された

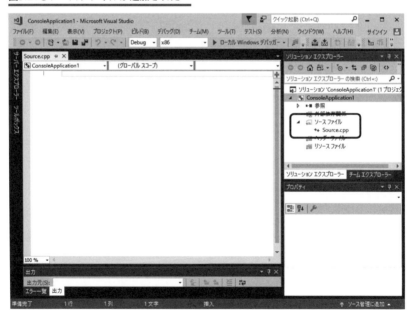

⑩このソースファイルに前節で説明したプログラムを記述します。同時に、構成を［Release］へ、プラットフォームを［x64］へ変更します。

図3.22●ソースコードを入力

このままでは、インクルードファイルやライブラリファイルが見つからずエラーになる場合もあります。そのような場合、前節の説明を参照して、ヘッダファイルやライブラリ、および実行時のパス設定を行ってください。

第4章

FFT 概論

4 FFT 概論

4.1 フーリエ変換の基礎

　まず、フーリエ変換の基礎を簡単に説明します。FFT はフーリエ変換を高速に行う手法ですが、FFT= フーリエ変換のように説明することも少なくありません。また、厳密にはコンピュータでは離散化して処理を行います。このような背景から、FFT はフーリエ変換を高速に行う手法という表現も正確ではありません。しかし、それほど厳密に考えず、FFT= フーリエ変換と思っても問題ないでしょう。厳密性は信号処理などを扱う人や数学に詳しい人に任せ、ここではフーリエ変換の概念を理解しましょう。

　さて、フーリエ変換を簡単に説明しますが、巷にフーリエ変換の解説書や基本を紹介しているサイトは多数存在しますので、ごくごく簡単に説明します。フーリエ変換は時間軸の信号を、周波数軸に変換することです。これによって、ある信号に周波数軸の処理を簡単に行うことが可能になります。例えばバンドパスフィルタなどを高速に処理させることが可能となります。

　私たちが日常的に耳にしている音楽などの波形は、正弦波の組み合わせから成り立っています。あるいは、すべての波形は正弦波の組み合わせで表現できると言い換えてもよいでしょう。例えば、図 4.1（a）のような波形があったとします。

図4.1●正弦波の組み合わせ

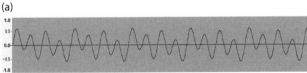

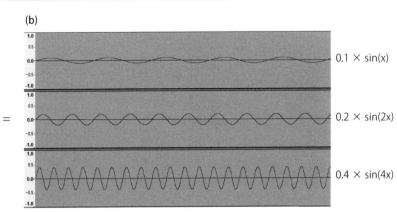

　これは、図 4.1（b）のような三つの正弦波を合成したものです。それぞれ上から、

1）振幅 0.1 で 1 [Hz]
2）振幅 0.2 で 2 [Hz]
3）振幅 0.4 で 4 [Hz]

です。

この波形を周波数軸で表すと、図 4.2 のようになります。

図4.2●図4.1の波形を周波数軸で表示

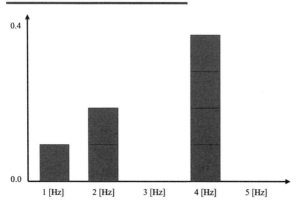

これが、図 4.1（a）をフーリエ変換した結果です。例えば、この波形から 2 [Hz] 以下の信号を除去したい場合、周波数軸の 2 [Hz] 以下の値を省いてしまうだけで実現できます。

例えば、図 4.3 の波形から 2 [Hz] 成分のみを削除しようとすると、とても困難です。

図4.3●図4.2を時間軸で表示

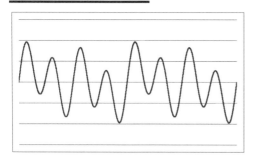

ところが、図 4.2 から 2 [Hz] 成分のみを削除するのは簡単です。つまり、2 [Hz] の部分を削除するだけです（図 4.4）。

図4.4●図4.2から2 [Hz]成分を削除

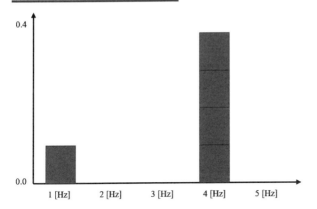

これを IFFT すると図 4.5 の波形が得られます。

図4.5●図4.3から2 [Hz]成分を削除した波形

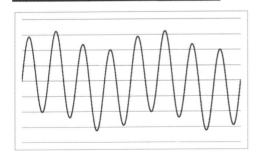

非常に簡単に周波数軸に対する処理を行うことができます。

4 FFT 概論

　FFT（フーリエ変換）と IFFT（逆フーリエ変換）は、図 4.6 に示すように、ある波形を時間軸と周波数軸で相互に変換する方法です。

図4.6●FFTとIFFT

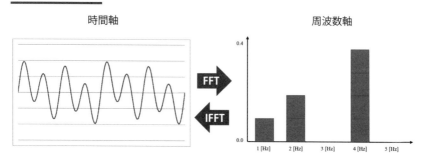

　このように相互変換できるため、先に説明したように、時間軸から周波数軸に変換したのち、周波数軸で操作を行い、再び時間軸に戻すと簡単に周波数軸に対する処理を行うことができます。

　以上が、簡単に説明したフーリエ変換の利用法です。

4.2 単純な FFT と IFFT

あるデータに対し FFT/IFFT 処理を行う例を示します。単純な FFT と IFFT を行うプログラムを開発しますが、プログラムについてはのちほど解説します。まず、FFT と IFFT の関係を図 4.7 に示します。

図4.7●FFTとIFFTの関係

図 4.7 の①と③は、ほぼ同じ値になります。②の部分で周波数軸に対する操作を行うと、①に対して処理するより高速に操作できます。

簡単なデータを使って例を示します。入力データは、1 が 10 個、0 が 44 個、そして 1 が 10 個続く、合計 64 個のデータです。このデータに対し FFT/IFFT を行った様子をグラフ化したのが図 4.8 です。

図4.8●FFT/IFFTを行った様子をグラフ化

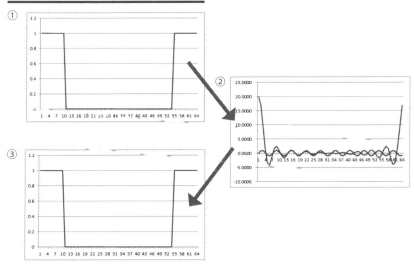

4 FFT 概論

4.2.1 シンプルな FFT プログラム

FFT を行う簡単なプログラムを紹介します。FFT 自体は FFTW を使用します。

リスト4.1●Source.cpp （¥04basicFFT¥01simpleFft）

```cpp
#define _CRT_SECURE_NO_WARNINGS
#include <stdio.h>

#ifdef  WIN32
#include "/fftw-3.3.5-dll32/fftw3.h"
#pragma comment(lib, "fftw-3.3.5-dll32/libfftw3f-3.lib")
#else
#include "/fftw-3.3.5-dll64/fftw3.h"
#pragma comment(lib, "/fftw-3.3.5-dll64/libfftw3f-3.lib")
#endif

//-----------------------------------------------------------
//countLines
size_t
countLines(const char* fname)
{
  FILE  *fp;
  float data;

  if ((fp = fopen(fname, "rt")) == NULL)
    throw "入力ファイルをオープンできません.";

  int count = 0;
  while (fscanf(fp, "%f", &data) == 1)
    count++;

  fclose(fp);

  if (count <= 0)
    throw "入力ファイルの読み込み失敗.";
```

```
    return count;
  }

//-----------------------------------------------------------
//readData
void
readData(const char* fname, fftwf_complex * buf,
    const size_t length)
{
  FILE *fp;
  float f;

  if ((fp = fopen(fname, "rt")) == NULL)
    throw "エラー：入力ファイルをオープンできません.";

  for (int i = 0; i < length; i++)
  {
    if (fscanf(fp, "%f", &f) != 1)
      throw "エラー：入力ファイルの読み込み失敗.";

    buf[i][0] = f;
    buf[i][1] = 0.0;
  }
  fclose(fp);
}

//-----------------------------------------------------------
// main
int
main(int argc, char *argv[])
{
  fftwf_plan plan;
  fftwf_complex *ibuf, *obuf;

  try
  {
    if (argc != 2)
```

```
      throw "<入力ファイル名> を指定してください.";

  size_t length = countLines(argv[1]);

  ibuf = (fftwf_complex *)
          fftwf_malloc(sizeof(fftwf_complex)*length);
  obuf = (fftwf_complex *)
          fftwf_malloc(sizeof(fftwf_complex)*length);

  readData(argv[1], ibuf, length);

  // 1次元のDFTを実行,FFT
  plan = fftwf_plan_dft_1d((int)length, ibuf, obuf,
          FFTW_FORWARD, FFTW_ESTIMATE);
  fftwf_execute(plan);
  fftwf_destroy_plan(plan);

  //出力
  for (size_t i = 0; i < length; i++)
  {
    fprintf(stdout, "%f,%f\n", obuf[i][0], obuf[i][1]);
  }

  fftwf_free(ibuf);   // メモリ解放
  fftwf_free(obuf);
}
catch (char *str)
{
  fputs(str, stderr);
}
return 0;
}
```

　countLines 関数は、引数で渡されたファイル名を使用し、そのファイルをオープンし行数を数えます。その値を呼び出し元に返します。ファイルには、1 行にひとつの浮動小数点表記の数値が格納されています。

readData 関数は、引数の fname で指定されたファイルをオープンし、そのファイルから浮動小数点値を読み込み、fftwf_complex 型配列の buf へ格納します。fftwf_complex 型は複素数ですので、読み込んだ値を実数部に格納し、虚数部へは 0.0 を格納します。引数の length は読み込むデータ数を示します。

main 関数を頭から順に説明します。このプログラムは、コマンドラインで処理対象ファイル名を受け取ります。argc をチェックし、引数がひとつ指定されているか検査します。対象ファイル名が指定されていない場合、および余計な引数が指定された場合、エラーを表示してプログラムを終了させます。

次に、countLines 関数を呼び出し、指定されたファイルに含まれる行数をカウントし、その結果を length へ格納します。この値を利用し、入力データを格納する fftwf_complex 型配列 ibuf と、FFT 処理結果を格納する fftwf_complex 型配列 obuf を fftwf_malloc 関数で割り付けます。readData 関数を呼び出し、浮動小数点値を ibuf へ読み込みます。これで準備が整いましたので FFT 処理を行います。まず、fftwf_plan_dft_1d 関数を呼び出したのち、fftwf_execute 関数で実際の FFT を行います。これによって obuf に FFT した結果が格納されます。fftwf_plan_dft_1d 関数で取得したプラン plan は、これ以降不要ですので、fftwf_destroy_plan 関数で破棄します。

型	説明
fftwf_complex	fftwf_complex はデフォルトではサイズが 2 の配列になっています。例えば； 　fftwf_complex * buf; とした場合、i 番目の要素にアクセスるには； 　実数部：buf[i][0]; 　虚数部：buf[i][1]; です。

次に、obuf に格納されている全データを fprintf で標準出力に出力します。最後に、fftwf_free 関数で割り付けたメモリを解放します。

4 FFT 概論

　プログラムの実行は、引数に FFT したいファイル名を指定します。結果が標準出力に表示されますので、結果をファイルに格納したい場合、リダイレクトしてください。以降に実行例を示します。

```
C:¥temp>set PATH=h:¥fftw-3.3.5-dll64;%PATH

C:¥temp>simpleFft in1.txt
20.000000,0.000000
16.924953,0.831470
9.380306,0.923880
1.315192,0.195090

        :

1.552715,-0.555570
-1.261538,0.382684
-3.915514,0.980785
-3.554866,0.707107
1.315192,-0.195090
9.380306,-0.923880
16.924953,-0.831469
```

　入力の in1.txt と出力の実例を示します。

入力	出力
1	20.000000,0.000000
1	16.924953,0.831470
1	9.380306,0.923880
1	1.315192,0.195090
1	-3.554866,-0.707107
1	-3.915514,-0.980785
1	-1.261538,-0.382683
1	1.552715,0.555570
1	2.414214,1.000000

56

入力	出力
1	1.174654,0.555570
0	-0.715950,-0.382684
0	-1.636342,-0.980785
0	-1.058260,-0.707107
0	0.263049,0.195090
0	1.125750,0.923879
0	0.917386,0.831470
0	0.000000,0.000000
0	-0.753600,-0.831470
0	-0.758208,-0.923880
0	-0.144689,-0.195090
0	0.472474,0.707107
0	0.587860,0.980785
0	0.204549,0.382683
0	-0.262765,-0.555570
0	-0.414214,-1.000000
0	-0.198786,-0.555570
0	0.116086,0.382683
0	0.245674,0.980785
0	0.140652,0.707107
0	-0.028939,-0.195090
0	-0.090994,-0.923880
0	-0.040847,-0.831469
0	0.000000,0.000000
0	-0.040848,0.831470
0	-0.090994,0.923879
0	-0.028939,0.195090
0	0.140652,-0.707107
0	0.245674,-0.980785
0	0.116086,-0.382683
0	-0.198786,0.555570

4 FFT 概論

入力	出力
0	-0.414214,1.000000
0	-0.262765,0.555570
0	0.204549,-0.382683
0	0.587860,-0.980785
0	0.472474,-0.707107
0	-0.144689,0.195090
0	-0.758208,0.923879
0	-0.753600,0.831470
0	0.000000,0.000000
0	0.917386,-0.831470
0	1.125750,-0.923880
0	0.263049,-0.195090
0	-1.058260,0.707107
0	-1.636342,0.980785
1	-0.715950,0.382683
1	1.174655,-0.555570
1	2.414214,-1.000000
1	1.552715,-0.555570
1	-1.261538,0.382684
1	-3.915514,0.980785
1	-3.554866,0.707107
1	1.315192,-0.195090
1	9.380306,-0.923880
1	16.924953,-0.831469

出力をリダイレクトしてファイルへ格納し、ファイルのエクステンション
を csv へしておくと Excel で直接読み込むことが可能です。

```
C:¥temp>simpleFft in1.txt > out.csv
```

■ FFTW 関数の説明

　本プログラムで使用した関数を簡単に説明します。

fftwf_malloc

　本関数は C 言語などに提供されている malloc などと同様の機能を提供
します。性能向上のため、アライメントなどを調整しますが、使用者は通常
の malloc 関数と同様に考えてください。本関数で割り付けたメモリは、必
ず fftwf_free 関数で解放してください。

構文
```
void *fftwf_malloc(size_t n);
```

引数

n　　割り付けるサイズです。n 点の fftwf_complex を確保したければ、
　　　sizeof(fftwf_complex)*n を指定します。

返却値
　割り付けたメモリアドレスを void ＊ で返します。必要に応じてキャストして
ください。

fftwf_free

　本関数は fftwf_malloc 関数で割り付けたメモリを解放します。

構文
```
void fftwf_free(void *p);
```

引数

p　　fftwf_malloc 関数で割り付けた領域を指すポインタです。

返却値
　なし。

4 FFT 概論

fftwf_plan_dft_1d

本関数は複素 1 次元離散フーリエ変換のプランを作成します。

構文

```
fftwf_plan fftwf_plan_dft_1d(int n, fftwf_complex *in,
        fftwf_complex *out,int sign, unsigned flags);
```

引数

n   FFT の点数です。

in   入力配列へのポインタです。

out   出力配列へのポインタです。

sign   正変換 (FFT) か逆変換 (IFFT) かを表す FFTW_FORWARD か FFTW_
       BACKWARD のどちらか指定します。

flags いくつかのフラグが存在しますが、一般的に FFTW_MEASURE か
       FFTW_ESTIMATE を指定します。ほかのフラグを知りたい人は FFTW
       の説明書を参照してください。FFTW_MEASURE はいくつかの FFTW
       を実行して実行時間を計り、一番良い方法を選択します。FFTW_
       ESTIMATE は、実際に実行せず最適だと思われる方法を選択します。

返却値

fftwf_plan（プラン）が返されます。

補足説明

in や out には同じものを指定できますが、上書きされるので注意が必要です。
例えば、FFTW_MEASURE のプランニングを行うとバッファが上書きされてし
まいます。

FFTW_MEASURE と FFTW_ESTIMATE の使い分けは、同じサイズの変換を複
数回行い、プランの作成時間が全体に占める割合が小さい場合使用し、そう
でなければ FFTW_ESTIMATE を使用するとよいでしょう。それほど細かな
チューニングまで必要ない場合、FFTW_ESTIMATE で問題ありません。

fftwf_execute

本関数はフーリエ変換を実際に行う関数です。引数の fftwf_plan（プ
ラン）は、先の fftwf_plan_dft_1d 関数で作成します。この fftwf_
plan のインスタンスは一度作成したら何度でも使用できます。

60

4.2 単純な FFT と IFFT

構文

```
void fftwf_execute(const fftw_plan plan);
```

引数

plan　　fftwf_plan（プラン）です。

返却値

なし。

fftwf_destroy_plan

プランを用いて計算が終了したら、fftwf_destroy_plan 関数を呼び出すことによって、メモリや関係のあるデータを解放します。

構文

```
void fftwf_destroy_plan(fftwf_plan plan);
```

引数

plan　　fftwf_plan（プラン）です。

返却値

なし。

4.2.2 シンプルな IFFT プログラム

IFFT を行う簡単なプログラムを紹介します。IFFT 自体は FFTW を使用します。

リスト4.2●Source.cpp（¥04basicFFT¥11simpleIfft）

```
#define _CRT_SECURE_NO_WARNINGS
#include <stdio.h>

#include "/fftw-3.3.5-dll64/fftw3.h"
#pragma comment(lib, "/fftw-3.3.5-dll64/libfftw3f-3.lib")

//------------------------------------------------------------
//countLines
```

61

```
size_t
countComplexLines(const char* fname)
{
  FILE  *fp;
  float data[2];

  if ((fp = fopen(fname, "rt")) == NULL)
    throw "入力ファイルをオープンできません.";

  int count = 0;
  while (fscanf(fp, "%f,%f", &data[0], &data[1]) == 2)
    count++;

  fclose(fp);

  if (count <= 0)
    throw "入力ファイルの読み込み失敗.";

  return count;
}

//-----------------------------------------------------------
//readComplexData
void
readComplexData(const char* fname, fftwf_complex * buf,
        const size_t length)
{
  FILE *fp;
  float f[2];

  if ((fp = fopen(fname, "rt")) == NULL)
    throw "エラー：入力ファイルをオープンできません.";

  for (int i = 0; i < length; i++)
  {
    if (fscanf(fp, "%f,%f", &f[0], &f[1]) != 2)
      throw "エラー：入力ファイルの読み込み失敗.";
```

4.2 単純な FFT と IFFT

```
    buf[i][0] = f[0];
    buf[i][1] = f[1];
  }
  fclose(fp);
}

//-----------------------------------------------------------
// main
int
main(int argc, char *argv[])
{
  fftwf_plan plan;
  fftwf_complex *ibuf, *obuf;

  try
  {
    if (argc != 2)
      throw "<入力ファイル名> を指定してください.";

    size_t length = countComplexLines(argv[1]);

    ibuf = (fftwf_complex *)
           fftwf_malloc(sizeof(fftwf_complex)*length);
    obuf = (fftwf_complex *)
           fftwf_malloc(sizeof(fftwf_complex)*length);

    readComplexData(argv[1], ibuf, length);

    // 1次元のIDFTを実行,IFFT
    plan = fftwf_plan_dft_1d((int)length, ibuf, obuf,
            FFTW_BACKWARD, FFTW_ESTIMATE);
    fftwf_execute(plan);
    fftwf_destroy_plan(plan);

    //正規化
    for (int i = 0; i < length; i++)
    {
      obuf[i][0] /= (float)length;
```

63

4 FFT 概論

```
    obuf[i][1] /= (float)length;
  }

  //出力
  for (size_t i = 0; i < length; i++)
  {
    fprintf(stdout, "%f,%f\n", obuf[i][0], obuf[i][1]);
  }

  fftwf_free(ibuf);   // メモリ解放
  fftwf_free(obuf);
  }
  catch (char *str)
  {
    fputs(str, stderr);
  }
  return 0;
}
```

　基本的な構造は前項のプログラムに近いですが、扱うデータやパラメータ
などが微妙に異なります。

　countComplexLines 関数は、引数で渡されたファイル名を使用し、そ
のファイルをオープンし行数を数えます。先のプログラムに近いですが、先
のプログラムと違いファイルには 1 行に二つの浮動小数点表記の数値が格
納されています。

　readComplexData 関数は、引数の fname で指定されたファイルをオー
プンし、そのファイルから浮動小数点値を読み込み、fftwf_complex 型配
列の buf へ格納します。fftwf_complex 型は複素数ですので、読み込ん
だ二つの値の、先頭を実数部に格納し、2 番目を虚数部へ格納します。引数
の length は読み込むデータ数を示します。

　main 関数を頭から順に説明します。コマンドラインで処理対象ファイル
名を受け取るため、argc をチェックし、引数がひとつ指定されているか検
査します。対象ファイル名が指定されていない場合、および余計な引数が指
定された場合、エラーを表示してプログラムを終了させます。

次に、countComplexLines 関数を呼び出し、指定されたファイルに含まれる行数をカウントし、その結果を length へ格納します。この値を利用し、入力データを格納する fftwf_complex 型配列 ibuf と、IFFT 処理結果を格納する fftwf_complex 型配列 obuf を fftwf_malloc 関数で割り付けます。readComplexData 関数を呼び出し、FFT した値を fftwf_complex 型配列 ibuf へ読み込みます。これで準備が整いましたので IFFT 処理を行います。まず、fftwf_plan_dft_1d 関数を呼び出したのち、fftwf_execute 関数で実際の IFFT を行います。先のプログラムと異なるのは、fftwf_plan_dft_1d 関数の 4 番目の引数が FFTW_FORWARD から FFTW_BACKWARD へ変わる点です。得られた結果を、IFFT 点数で除算し、正規化します。正規化は単純に得られた結果を IFFT 点数で除算するだけです。

これによって obuf に IFFT した結果が格納されます。fftwf_plan_dft_1d 関数で取得したプラン plan は、これ以降不要ですので、fftwf_destroy_plan 関数で破棄します。次に、obuf に格納されている全データを fprintf で標準出力に出力します。最後に、fftwf_free 関数で割り付けたメモリを解放します。

プログラムの実行は、引数に IFFT したいファイル名を指定します。結果が標準出力に表示されますので、結果をファイルに格納したい場合、リダイレクトしてください。以降に FFT から IFFT までを行った実行例を示します。

```
C:¥temp>set PATH=c:¥fftw-3.3.5-dll64;%PATH

C:¥temp>simpleFft in1.txt > FFT.csv

C:¥temp>simpleIfft FFT.csv > IFFT.csv
```

4 FFT 概論

入力の in1.txt → FFT → IFFT の実例を示します。

入力	FFT	IFFT
1	20.000000,0.000000	1.000000,-0.000000
1	16.924953,0.831470	1.000000,0.000000
1	9.380306,0.923880	1.000000,0.000000
1	1.315192,0.195090	1.000000,-0.000000
1	-3.554866,-0.707107	1.000000,0.000000
1	-3.915514,-0.980785	1.000000,-0.000000
1	-1.261538,-0.382683	1.000000,0.000000
1	1.552715,0.555570	1.000000,-0.000000
1	2.414214,1.000000	1.000000,0.000000
1	1.174654,0.555570	1.000000,0.000000
0	-0.715950,-0.382684	0.000000,0.000000
0	-1.636342,-0.980785	-0.000000,0.000000
0	-1.058260,-0.707107	0.000000,0.000000
0	0.263049,0.195090	0.000000,-0.000000
0	1.125750,0.923879	-0.000000,0.000000
0	0.917386,0.831470	0.000000,-0.000000
0	0.000000,0.000000	-0.000000,0.000000
0	-0.753600,-0.831470	-0.000000,0.000000
0	-0.758208,-0.923880	-0.000000,-0.000000
0	-0.144689,-0.195090	-0.000000,0.000000
0	0.472474,0.707107	0.000000,0.000000
0	0.587860,0.980785	0.000000,0.000000
0	0.204549,0.382683	0.000000,-0.000000
0	-0.262765,-0.555570	-0.000000,-0.000000
0	-0.414214,-1.000000	0.000000,-0.000000
0	-0.198786,-0.555570	0.000000,-0.000000
0	0.116086,0.382683	0.000000,-0.000000
0	0.245674,0.980785	-0.000000,0.000000
0	0.140652,0.707107	-0.000000,-0.000000

4.2 単純な FFT と IFFT

入力	FFT	IFFT
0	-0.028939,-0.195090	-0.000000,0.000000
0	-0.090994,-0.923880	-0.000000,-0.000000
0	-0.040847,-0.831469	-0.000000,0.000000
0	0.000000,0.000000	0.000000,-0.000000
0	-0.040848,0.831470	0.000000,0.000000
0	-0.090994,0.923879	-0.000000,0.000000
0	-0.028939,0.195090	-0.000000,0.000000
0	0.140652,-0.707107	-0.000000,-0.000000
0	0.245674,-0.980785	-0.000000,-0.000000
0	0.116086,-0.382683	0.000000,-0.000000
0	-0.198786,0.555570	0.000000,-0.000000
0	-0.414214,1.000000	-0.000000,-0.000000
0	-0.262765,0.555570	-0.000000,0.000000
0	0.204549,-0.382683	-0.000000,0.000000
0	0.587860,-0.980785	-0.000000,-0.000000
0	0.472474,-0.707107	0.000000,-0.000000
0	-0.144689,0.195090	-0.000000,-0.000000
0	-0.758208,0.923879	0.000000,-0.000000
0	-0.753600,0.831470	0.000000,-0.000000
0	0.000000,0.000000	-0.000000,0.000000
0	0.917386,-0.831470	0.000000,-0.000000
0	1.125750,-0.923880	0.000000,-0.000000
0	0.263049,-0.195090	0.000000,-0.000000
0	-1.058260,0.707107	0.000000,0.000000
0	-1.636342,0.980785	0.000000,-0.000000
1	-0.715950,0.382683	1.000000,0.000000
1	1.174655,-0.555570	1.000000,0.000000
1	2.414214,-1.000000	1.000000,0.000000
1	1.552715,-0.555570	1.000000,-0.000000
1	-1.261538,0.382684	1.000000,-0.000000
1	-3.915514,0.980785	1.000000,-0.000000

4 FFT 概論

入力	FFT	IFFT
1	-3.554866,0.707107	1.000000,-0.000000
1	1.315192,-0.195090	1.000000,0.000000
1	9.380306,-0.923880	1.000000,0.000000
1	16.924953,-0.831469	1.000000,0.000000

IFFT の実数部と入力データの値が同じであることが分かるでしょう。

4.3 単純なFFTとIFFT・メモリ節約バージョン

　先のプログラムで使用した関数を変更し、データの並び替えの抑止やメモリを節約する方法を解説します。先のFFT処理を行うプログラムが出力する結果は、中央のデータを軸として複素共役対称です。共役複素数とは、$a + jb$に対し$a - jb$となることです。先のプログラムのデータを詳しく調べれば分かりますが、データが多すぎるため、少ないデータをFFTした実例を示します。入力とFFTした結果を示します。

入力	出力	
	実数部	虚数部
1	2.000	0.000
0	1.707	0.707
0	1.000	1.000
0	0.293	0.707
0	0.000	0.000
0	0.293	-0.707
0	1.000	-1.000
1	1.707	-0.707

　これをグラフ化してみましょう。まず、実数部を示します。FFT点数をnとすると、$(n/2) + 1$を軸に左右対称となります。

図4.9●実数部のグラフ化

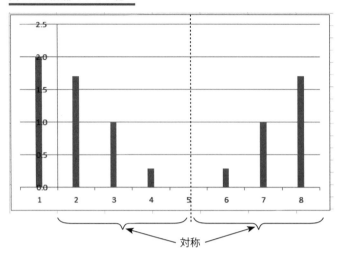

次に虚数部を示します。FFT点数をnとすると、$(n/2)+1$を軸に共役対称（きょうやくたいしょう）となります。

図4.10●虚数部のグラフ化

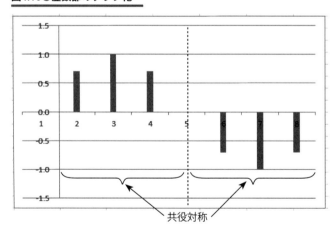

図4.9、図4.10から分かるように、FFT後のデータは$(n/2)+1$点の情報を保持しておくだけで十分であることが分かります。ここでは、このよう

に $(n/2)+1$ 点の情報だけで処理できる関数を使用します。図 4.9、図 4.10 では、処理結果は 8 個の値が必要です。つまり $n=8$ です。新しい関数では、$(8/2)+1=5$ だけで処理結果を表すことが可能です。つまり、図 4.9、図 4.10 の左から五つの部分のデータさえあれば、全体を知ることができます。さらに FFTW に与える値を実数と虚数に並び替える必要がなくなります。本節では、そのようなプログラム例を示します。詳細については、FFTW のマニュアルや FFT の基礎を扱った書籍を参照してください。

4.3.1 FFT プログラム

メモリを節約し、データの並び替えを必要としない、シンプルな FFT 処理プログラムを紹介します。

リスト4.3●Source.cpp （¥04basicFFT¥02simpleFftr2c）

```cpp
#define _CRT_SECURE_NO_WARNINGS
#include <stdio.h>

#include "/fftw-3.3.5-dll64/fftw3.h"
#pragma comment(lib, "/fftw-3.3.5-dll64/libfftw3f-3.lib")


//-----------------------------------------------------------
//countLines
size_t
countLines(const char* fname)
{
  FILE  *fp;
  float data;

  if ((fp = fopen(fname, "rt")) == NULL)
    throw "入力ファイルをオープンできません。";

  int count = 0;
  while (fscanf(fp, "%f", &data) == 1)
    count++;
```

```
  fclose(fp);

  if (count <= 0)
    throw "入力ファイルの読み込み失敗.";

  return count;
}

//-----------------------------------------------------------
//readData
void
readData(const char* fname, float * buf, const size_t length)
{
  FILE *fp;

  if ((fp = fopen(fname, "rt")) == NULL)
    throw "エラー：入力ファイルをオープンできません.";

  for (int i = 0; i < length; i++)
  {
    if (fscanf(fp, "%f", &buf[i]) != 1)
      throw "エラー：入力ファイルの読み込み失敗.";
  }
  fclose(fp);
}

//-----------------------------------------------------------
// main
int
main(int argc, char *argv[])
{
  fftwf_plan plan;
  float *ibuf;
  fftwf_complex *obuf;

  try
  {
```

4.3 単純な FFT と IFFT・メモリ節約バージョン

```cpp
  if (argc != 2)
    throw "<入力ファイル名> を指定してください.";

  size_t length = countLines(argv[1]);
  size_t fftLength = length / 2 + 1;

  ibuf = (float *)fftwf_malloc(sizeof(float)*length);
  obuf = (fftwf_complex *)
         fftwf_malloc(sizeof(fftwf_complex)*fftLength);

  readData(argv[1], ibuf, length);

  //1次元のDFTを実行,FFT
  plan = fftwf_plan_dft_r2c_1d((int)length, ibuf, obuf,
           FFTW_ESTIMATE);
  fftwf_execute(plan);
  fftwf_destroy_plan(plan);

  //出力
  for (size_t i = 0; i < fftLength; i++)
  {
    fprintf(stdout, "%f,%f\n", obuf[i][0], obuf[i][1]);
  }

  fftwf_free(ibuf);  // メモリ解放
  fftwf_free(obuf);
}
catch (char *str)
{
  fputs(str, stderr);
}
return 0;
}
```

　countLines 関数は、引数で渡されたファイル名を使用し、そのファイルをオープンし行数を数えます。その値を呼び出し元に返します。ファイル

73

には、1 行にひとつの浮動小数点表記の数値が格納されています。

readData 関数は、引数の fname で指定されたファイルをオープンし、そのファイルから浮動小数点値を読み込み、float 型配列の buf へ格納します。引数の length は読み込むデータ数を示します。

main 関数を頭から順に説明します。このプログラムは、コマンドラインで処理対象ファイル名を受け取ります。argc をチェックし、引数がひとつ指定されているか検査します。対象ファイル名が指定されていない場合、および余計な引数が指定された場合、エラーを表示してプログラムを終了させます。

次に、countLines 関数を呼び出し、指定されたファイルに含まれる行数をカウントし、その結果を length へ格納します。本プログラムで使用する fftwf_plan_dft_r2c_1d 関数は、入力に長さ length の float 配列を、出力に (length/2+1) 長の fftwf_complex を要求します。入力データを格納する float 型配列 ibuf と、FFT 処理結果を格納する fftwf_complex 型配列 obuf を fftwf_malloc 関数で割り付けます。以前のプログラムで使用した fftwf_plan_dft_1d 関数は、入力も出力も length 長の fftwf_complex 型配列を要求しました。ここで使用する関数は、入力は読み込んだままのデータを要求しますので、データの並び替えが不要になります。さらに出力は、以前のプログラムに比べ約半分しか要求しません。このため、データの並び替えを排除するとともに、メモリの使用量も低減できます。

readData 関数を呼び出し、浮動小数点値を ibuf へ読み込みます。これで準備が整いましたので FFT 処理を行います。fftwf_plan_dft_r2c_1d 関数を呼び出したのち、fftwf_execute 関数で実際の FFT を行います。これによって obuf に FFT した結果が格納されます。fftwf_plan_dft_r2c_1d 関数で取得したプラン plan は、これ以降不要ですので、fftwf_destroy_plan 関数で破棄します。

次に、obuf に格納されている全データを fprintf で標準出力に出力します。最後に、fftwf_free 関数で割り付けたメモリを解放します。

プログラムの実行は、引数に FFT したいファイル名を指定します。結果

4.3 単純な FFT と IFFT・メモリ節約バージョン

が標準出力に表示されますので、結果をファイルに格納したい場合、リダイレクトしてください。以降に実行例を示します。

```
C:¥temp>set PATH=h:¥fftw-3.3.5-dll64;%PATH

C:¥temp>simpleFftr2c in1.txt
20.000000,0.000000
16.924953,0.831469
9.380306,0.923880
1.315192,0.195090
-3.554866,-0.707107
-3.915514,-0.980785
-1.261538,-0.382683
1.552715,0.555570
2.414214,1.000000
1.174655,0.555570
-0.715950,-0.382683
-1.636341,-0.980785
-1.058260,-0.707107
0.263049,0.195090
1.125751,0.923879
0.917385,0.831470
0.000000,-0.000000
-0.753600,-0.831469
-0.758208,-0.923880
-0.144689,-0.195090
0.472474,0.707107
0.587860,0.980785
0.204549,0.382683
-0.262765,-0.555570
0.414214,-1.000000
-0.198786,-0.555570
0.116086,0.382683
0.245674,0.980785
0.140652,0.707107
-0.028939,-0.195090
-0.090994,-0.923880
```

4 FFT 概論

```
-0.040847,-0.831470
0.000000,0.000000
```

入力の in1.txt と出力の実例を示します。

入力	FFT
1	20.000000,0.000000
1	16.924953,0.831469
1	9.380306,0.923880
1	1.315192,0.195090
1	-3.554866,-0.707107
1	-3.915514,-0.980785
1	-1.261538,-0.382683
1	1.552715,0.555570
1	2.414214,1.000000
1	1.174655,0.555570
0	-0.715950,-0.382683
0	-1.636341,-0.980785
0	-1.058260,-0.707107
0	0.263049,0.195090
0	1.125751,0.923879
0	0.917385,0.831470
0	0.000000,-0.000000
0	-0.753600,-0.831469
0	-0.758208,-0.923880
0	-0.144689,-0.195090
0	0.472474,0.707107
0	0.587860,0.980785
0	0.204549,0.382683
0	-0.262765,-0.555570
0	-0.414214,-1.000000
0	-0.198786,-0.555570

4.3 単純な FFT と IFFT・メモリ節約バージョン

入力	FFT
0	0.116086,0.382683
0	0.245674,0.980785
0	0.140652,0.707107
0	-0.028939,-0.195090
0	-0.090994,-0.923880
0	-0.040847,-0.831470
0	0.000000,0.000000
0	
0	
0	
0	
0	
0	
0	
0	
0	
0	
0	
0	
0	
0	
0	
0	
0	
0	
0	
0	
0	
0	
1	
1	
1	

入力	FFT
1	
1	
1	
1	
1	
1	
1	

　出力をリダイレクトしてファイルへ格納し、ファイルのエクステンション
を csv へしておくと、Excel で直接読み込むことが可能です。

```
C:¥temp>simpleFftr2c in1.txt > in1_fft.csv
```

■ FFTW 関数の説明

　本プログラムで使用した関数を簡単に説明します。先のプログラムは、
fftwf_plan_dft_1d 関数で FFT/IFFT を行いましたが、本節のプログ
ラムは、fftwf_plan_dft_r2c_1d 関数で FFT を、fftwf_plan_dft_
c2r_1d 関数で IFFT を行います。

fftwf_plan_dft_r2c_1d

　本関数は複素 1 次元離散フーリエ変換のプランを作成します（FFT）。

構文
```
fftwf_plan fftwf_plan_dft_r2c_1d(int n, float *in,
        fftwf_complex *out, unsigned flags);
```

引数
　n　　　　FFT の点数です。
　in　　　　入力配列へのポインタです（実数配列）。
　out　　　出力配列へのポインタです（複素数配列）。
　flags　　いくつかのフラグが存在しますが、一般的に FFTW_MEASURE か

4.3 単純なFFTとIFFT・メモリ節約バージョン

FFTW_ESTIMATE を指定します。ほかのフラグを知りたい人は
FFTWの説明書を参照してください。FFTW_MEASURE はいくつか
のFFTWを実行して実行時間を計り、一番良い方法を選択します。
FFTW_ESTIMATE は、実際に実行せず最適だと思われる方法を選択
します。

返却値

fftwf_plan（プラン）が返されます。

fftwf_plan_dft_c2r_1d

本関数は複素1次元離散逆フーリエ変換のプランを作成します（IFFT）。

構文

```
fftwf_plan fftwf_plan_dft_c2r_1d(int n, fftwf_complex *in,
                float *out, unsigned flags);
```

引数

n　　　　FFTの点数です。

in　　　 入力配列へのポインタです（複素数配列）。

out　　　出力配列へのポインタです（実数配列）。

flags　 いくつかのフラグが存在しますが、一般的に FFTW_MEASURE か
　　　　 FFTW_ESTIMATE を指定します。ほかのフラグを知りたい人は
　　　　 FFTWの説明書を参照してください。FFTW_MEASURE はいくつか
　　　　 のFFTWを実行して実行時間を計り、一番良い方法を選択します。
　　　　 FFTW_ESTIMATE は、実際に実行せず最適だと思われる方法を選択
　　　　 します。

返却値

fftwf_plan（プラン）が返されます。

4 FFT 概論

4.3.2 IFFT プログラム

メモリを節約し、データの並び替えを必要としない、シンプルな IFFT 処理プログラムを紹介します。

リスト4.4●Source.cpp（¥04basicFFT¥12simpleIfftc2r）

```cpp
#define _CRT_SECURE_NO_WARNINGS
#include <stdio.h>

#include "/fftw-3.3.5-dll64/fftw3.h"
#pragma comment(lib, "/fftw-3.3.5-dll64/libfftw3f-3.lib")

//----------------------------------------------------------
//countLines
size_t
countComplexLines(const char* fname)
{
  FILE  *fp;
  float data[2];

  if ((fp = fopen(fname, "rt")) == NULL)
    throw "入力ファイルをオープンできません.";

  int count = 0;
  while (fscanf(fp, "%f,%f", &data[0], &data[1]) == 2)
    count++;

  fclose(fp);

  if (count <= 0)
    throw "入力ファイルの読み込み失敗.";

  return count;
}

//----------------------------------------------------------
```

4.3 単純な FFT と IFFT・メモリ節約バージョン

```cpp
//readComplexData
void
readComplexData(const char* fname, fftwf_complex * buf,
        const size_t length)
{
  FILE *fp;
  float f[2];

  if ((fp = fopen(fname, "rt")) == NULL)
    throw "エラー：入力ファイルをオープンできません.";

  for (int i = 0; i < length; i++)
  {
    if (fscanf(fp, "%f,%f", &f[0], &f[1]) != 2)
      throw "エラー：入力ファイルの読み込み失敗.";

    buf[i][0] = f[0];
    buf[i][1] = f[1];
  }
  fclose(fp);
}

//----------------------------------------------------------
// main
int
main(int argc, char *argv[])
{
  fftwf_plan plan;
  fftwf_complex *ibuf;
  float *obuf;

  try
  {
    if (argc != 2)
      throw "<入力ファイル名> を指定してください.";

    size_t fftlength = countComplexLines(argv[1]);
    size_t ifftLength = (fftlength - 1) * 2;
```

81

4 FFT 概論

```
  ibuf = (fftwf_complex *)
          fftwf_malloc(sizeof(fftwf_complex)*fftlength);
  obuf = (float *)
          fftwf_malloc(sizeof(float)*ifftLength);

  readComplexData(argv[1], ibuf, fftlength);

  //1次元のIDFTを実行,IFFT
  plan = fftwf_plan_dft_c2r_1d((int)ifftLength, ibuf, obuf,
              FFTW_ESTIMATE);
  fftwf_execute(plan);
  fftwf_destroy_plan(plan);

  //正規化
  for (int i = 0; i < ifftLength; i++)
  {
    obuf[i] /= (float)ifftLength;
  }

  //出力
  for (size_t i = 0; i < ifftLength; i++)
  {
    fprintf(stdout, "%f¥n", obuf[i]);
  }

  fftwf_free(ibuf);  // メモリ解放
  fftwf_free(obuf);
 }
 catch (char *str)
 {
   fputs(str, stderr);
 }
 return 0;
}
```

　基本的な構造は以前のプログラムに近いですが、扱うデータやパラメータ

などが微妙に異なります。

countComplexLines 関数や readComplexData 関数は、fftwf_plan_dft_1d 関数を使用した先のプログラムと同一です。

main 関数を頭から順に説明します。コマンドラインで処理対象ファイル名を受け取るため、argc をチェックし、引数がひとつ指定されているか検査します。対象ファイル名が指定されていない場合、および余計な引数が指定された場合、エラーを表示してプログラムを終了させます。

次に、countComplexLines 関数を呼び出し、指定されたファイルに含まれる行数をカウントし、その結果を fftlength へ格納します。この値から IFFT の結果を格納する要素数を ifftLength へ求めます。

これらの値を利用し、入力データを格納する fftwf_complex 型配列 ibuf と、IFFT 処理結果を格納する float 型配列 obuf を fftwf_malloc 関数で割り付けます。readComplexData 関数を呼び出し、FFT した値を fftwf_complex 型配列 ibuf へ読み込みます。準備が整いましたので、IFFT 処理を行います。まず、fftwf_plan_dft_c2r_1d 関数を呼び出したのち、fftwf_execute 関数で実際の IFFT を行います。先のプログラムと異なり、fftwf_plan_dft_r2c_1d 関数から fftwf_plan_dft_c2r_1d 関数へ変更します。得られた結果を、IFFT 点数で除算し、正規化します。これによって obuf に IFFT した結果が格納されます。fftwf_plan_dft_c2r_1d 関数で取得したプラン plan は、これ以降不要ですので、fftwf_destroy_plan 関数で破棄します。次に、obuf に格納されている全データを fprintf で標準出力に出力します。

プログラムの実行は、引数に IFFT したいファイル名を指定します。結果が標準出力に表示されますので、結果をファイルに格納したい場合、リダイレクトしてください。以降に FFT から IFFT までを行った実行例を示します。

```
C:\temp>set PATH=c:\fftw-3.3.5-dll64;%PATH

C:\temp>simpleFftr2c in1.txt > FFT.csv

C:\temp>simpleIfft FFT.csv > IFFT.csv
```

4 FFT 概論

入力の in1.txt → FFT → IFFT の実例を示します。

入力	FFT	IFFT
1	20.000000,0.000000	1
1	16.924953,0.831469	1
1	9.380306,0.923880	1
1	1.315192,0.195090	1
1	-3.554866,-0.707107	1
1	-3.915514,-0.980785	1
1	-1.261538,-0.382683	1
1	1.552715,0.555570	1
1	2.414214,1.000000	1
1	1.174655,0.555570	1
0	-0.715950,-0.382683	0
0	-1.636341,-0.980785	0
0	-1.058260,-0.707107	0
0	0.263049,0.195090	0
0	1.125751,0.923879	0
0	0.917385,0.831470	0
0	0.000000,-0.000000	0
0	-0.753600,-0.831469	0
0	-0.758208,-0.923880	0
0	-0.144689,-0.195090	0
0	0.472474,0.707107	0
0	0.587860,0.980785	0
0	0.204549,0.382683	0
0	-0.262765,-0.555570	0
0	-0.414214,-1.000000	0
0	-0.198786,-0.555570	0
0	0.116086,0.382683	0
0	0.245674,0.980785	0
0	0.140652,0.707107	0

4.3 単純な FFT と IFFT・メモリ節約バージョン

入力	FFT	IFFT
0	-0.028939,-0.195090	0
0	-0.090994,-0.923880	0
0	-0.040847,-0.831470	0
0	0.000000,0.000000	0
0		0
0		0
0		0
0		0
0		0
0		0
0		0
0		0
0		0
0		0
0		0
0		0
0		0
0		0
0		0
0		0
0		0
0		0
0		0
0		0
0		0
0		0
1		1
1		1
1		1
1		1
1		1
1		1

4 FFT 概論

入力	FFT	IFFT
1		1
1		1
1		1
1		1

第5章

WAV入門

5 WAV 入門

　フィルタ実験用の長大なサンプルデータを入手することや、定性的な結果を得る係数を取得し、その結果が正しいか判断するのは容易ではありません。そこで、ひとつの手段として、入力データに CD（Compact Disc）などの音源を使用する方法を紹介します。

　サンプリングデータは、自身で持っている WAV ファイル（通常は音楽など）や CD から作成します。なお、CD などの音源については、著作権に抵触しないように留意してください。CD から WAV ファイルを生成する方法は、特に説明の必要はないでしょう。たくさんのソフトウェアが CD から WAV ファイル変換に対応しています。あるいは、WAV ファイル自体がネットなどにアップされていますので、それを使ってもよいでしょう。ほかにも、CD レコーダの付属ソフトには、録音データを WAV 形式で保存できる機能を提供しているものが多く存在します。本章では、CD などから生成した WAV ファイルをテキストへ変換するプログラム、そしてテキストファイルを WAV ファイルへ変換するなど、WAV を取り扱う基本的なプログラムを紹介します。

5.1　WAV ファイルをテキストへ変換

　WAV ファイルを整数形式のテキストファイルに変換するプログラムを紹介します。フィルタに使用するサンプルデータを入手できない場合、このプログラムを使用し、WAV ファイルをダンプするとよいでしょう。プログラムは処理の大半を Cwav クラスへ任せます。Cwav クラスについては後述しますので、適宜クラスの説明を参照してください。以降に、プログラムのソースリストを示します。

5.1 WAV ファイルをテキストへ変換

リスト5.1●Source.cpp (¥05wavUtils¥01dumpWav)

```cpp
#include <stdio.h>
#include "../../../Class/Cwav.h"

//-----------------------------------------------------------
// main
int
main(int argc, char *argv[])
{
  Cwav cwav;

  try
  {
    if (argc!=2)                      //引数チェック
      throw "引数に <入力ファイル名> を指定してください.";

    cwav.LoadFromFile(argv[1]);    //WAVファイルを読み込む

    unsigned int numOfUnits= cwav.getNumOfUnits();
    short *pMem=(short *)cwav.getPWav();

    for (unsigned int i=0; i<numOfUnits ; i++)    // dump wav
      fprintf(stdout, "%8d¥n", (int)pMem[i]);
  }
  catch (char *str)
  {
    fputs(str, stderr);
  }
  return 0;
}
```

　最初に制御が渡る main 関数で、引数がひとつ指定されているか調べま
す。本プログラムには、「入力ファイル名」を指定しなければなりません。
引数が適切でないときは、使用法を文字列として throw し例外を発生させ
ます。

5 WAV 入門

Cwav クラスのインスタンス cwav は、main 関数の先頭で生成されます。インスタンスの LoadFromFile メソッドで WAV ファイルを読み込みます。そして、getNumOfUnits メソッドで要素数を求め、for ループを使用し、データを printf で出力するだけです。Cwav クラスを使用するため、とても簡単です。割り付けたメモリなどは、main 関数の終了時に、デストラクタで解放されます。

■ 使用法

コマンド形式

dumpWav <入力ファイル>

引数

入力ファイル　　wav ファイル名。

使用例

C:¥temp>**dumpWav foo.wav > bar.txt**

処理結果は stdout へ出力されますので、ファイルへ格納したい場合は、上記に示したようにリダイレクトしてください。

■ 結果の形式

結果の形式を示します。入力がモノラルの場合、そのままサンプリング値を 10 進数のテキストで出力します。ステレオの場合、2 行で 1 回のサンプリング値に対応します。先に左チャンネル、2 番目が右チャンネルです。

以降に、出力形式を示します.

ステレオの場合	モノラルの場合
<左チャンネルの値 1>	<値 1>
<右チャンネルの値 1>	<値 2>
<左チャンネルの値 2>	<値 3>
<右チャンネルの値 2>	<値 4>
<左チャンネルの値 3>	:
<右チャンネルの値 3>	:
<左チャンネルの値 4>	:

5.1 WAV ファイルをテキストへ変換

ステレオの場合	モノラルの場合
<右チャンネルの値 4>	:
:	:
:	:
<左チャンネルの値 n>	:
<右チャンネルの値 n>	<値 n>

以降に、実際の出力例を示します。

```
        :
    -2106
      320
    -2986
     1565
    -3195
     2565
    -3236
     2655
    -3038
     2344
    -2881
     1466
        :
```

5.2 テキストを WAV ファイルへ変換

これまでのプログラムは、処理が分かりやすいようにテキストベースで処理しています。

すべてサンプリングデータや係数をテキストファイルで処理しています。このままでは、音として聴くことができません。そこで、テキストファイルから WAV ファイルへ変換するプログラムを紹介します。本書の目的と若干異なるプログラムですので、簡略化して説明します。

■ 入力ファイル形式

まず、入力ファイルの形式を示します。入力は 1 行にひとつのデータが格納されています。モノラルの場合、そのままサンプリング値です。ステレオの場合、2 行で 1 回のサンプリング値に対応します。先に左チャンネル、2 番目が右チャンネルです。2 行で 1 サンプリングです。サンプリング周波数は 44.1K [Hz] とみなします。

以降に、ファイル形式を以降に示します.

ステレオの場合	モノラルの場合
＜左チャンネルの値 1＞	＜値 1＞
＜右チャンネルの値 1＞	＜値 2＞
＜左チャンネルの値 2＞	＜値 3＞
＜右チャンネルの値 2＞	＜値 4＞
＜左チャンネルの値 3＞	：
＜右チャンネルの値 3＞	：
＜左チャンネルの値 4＞	：
＜右チャンネルの値 4＞	：
：	：
：	：

ステレオの場合	モノラルの場合
< 左チャンネルの値 n>	:
< 右チャンネルの値 n>	< 値 n>

以降に、実際のファイル例を示します。テキストは実数で格納されています。当然ですが整数で格納されていても問題ありません。

```
3361.5574
2978.4336
2279.9534
1251.5343
 -45.6318
-1453.9929
-2741.3792
-3667.7310
-4074.7217
-3960.3320
-3501.3477
-3005.3345
-2802.9360
-3118.7224
-3972.8005
-5155.8071
-6292.5132
-6973.7451
-6906.9780
-6027.4873
-4525.7925
-2779.6421
```

-1216.2079
-158.1176
287.1856
253.9505
53.2853
46.2592
506.8862
1527.6097
3000.8848
4676.8003

■ プログラム本体の説明

Cwav クラスを使用したプログラムの説明を行います。実数で格納された
テキストファイルから、WAV ファイルを生成します。以降に、プログラム
のソースリストを示します。

リスト5.1●Source.cpp （¥05wavUtils¥02text2Wav）

```cpp
#define _CRT_SECURE_NO_WARNINGS
#include <stdio.h>
#include "../../../Class/Cwav.h"

//----------------------------------------------------------
//countLines
size_t
countLines(const char* fname)
{
  FILE  *fp;
  float data;

  if ((fp = fopen(fname, "rt")) == NULL)
    throw "入力ファイルをオープンできません.";
```

5.2 テキストを WAV ファイルへ変換

```
  int count = 0;
  while (fscanf(fp, "%f", &data) == 1)
    count++;

  fclose(fp);

  if (count <= 0)
    throw "入力ファイルの読み込み失敗.";

  return count;
}

//-----------------------------------------------------------
//readData
void
readData(const char* fname, float data[],
         const size_t length)
{
  FILE *fp;

  if ((fp = fopen(fname, "rt")) == NULL)
    throw "入力ファイルをオープンできません.";

  for (size_t i = 0; i < length; i++)
    if (fscanf(fp, "%f", &data[i]) != 1)
      throw "入力ファイルの読み込み失敗.";

  for (size_t i = 0; i < length; i++)
  {
    if (data[i] > 32767.0f || data[i] < -32760.0f)
    {
      fprintf(stderr, "%8d = %10.2f¥n", (int)i, data[i]);

      data[i] = min(data[i], 32767.0f);
      data[i] = max(data[i], -32768.0f);
    }
  }
```

5 WAV 入門

```
  fclose(fp);
}

//-----------------------------------------------------------
// main
int
main(int argc, char *argv[])
{
  Cwav cwav;
  float *wav = NULL;
  short *sWav = NULL;
  unsigned int len = 2u;              // monaural

  try
  {
    if (argc < 3)                //引数チェック
      throw "引数に <入力.txt> " ¥
      "<出力.wav> [<m|s>]を指定してください.";

    if (argc == 4)
      if (argv[3][0] == 's' || argv[3][0] == 'S')
      {
        len = 4u;                // stereo
        fprintf(stdout, "入力はステレオ<L, R, L, R, ...>.¥n");
      }
      else
        fprintf(stdout, "入力はモノラル.¥n");

    size_t wavLength = countLines(argv[1]);
    wav = new float[wavLength];
    sWav = new short[wavLength];

    readData(argv[1], wav, wavLength);     //テキスト読み込み
    for (size_t i = 0; i < wavLength; i++)
      sWav[i] = (short)wav[i];

    cwav.to16bit();
    if (len == 4u)
```

96

5.2 テキストを WAV ファイルへ変換

```cpp
      cwav.toStereo();
    else
      cwav.toMonaural();
    cwav.setSamplesPerSec(44100);
    cwav.setBytesPerSec(len);
    cwav.setSizeOfData((long)wavLength * 2u);
    cwav.setBitsPerSample(16u);
    cwav.setPWav(sWav);
    cwav.setBlockAlign(len);

    cwav.SaveToFile(argv[2]);          //wav書き込み

    fprintf(stdout, "\n[%s] を [%s] へ変換しました.\n", argv[1],
        argv[2]);
  }
  catch (char *str)
  {
    fputs(str, stderr);
  }
  if (wav != NULL)
    delete[] wav;

  return 0;
}
```

countLines 関数は、入力テキストの行数をカウントするだけです。何かエラーを検出したら例外を throw します。

readData 関数は、テキストを float へ変換し配列に格納します。その際に、読み込みデータが 16 ビットサンプリングの範囲を超えていた場合、$(-2^{15}-1) \sim 2^{15}$ へ飽和させます。これはフィルタ係数や処理の誤差によって範囲を超える可能性があるためです。もし、これを忘れるとオーバーフローやアンダーフローが発生し、生成された WAV ファイルにグリッチが乗る可能性があります。

最初に制御が渡る main 関数で、引数が二つ以上指定されているか調べます。本プログラムには、「入力用のテキストファイル名」と「出力用の WAV

ファイル名」、そしてオプションのステレオかモノラルかを指定しなければ
なりません。引数が少ないときは、使用法を文字列として throw し例外を
発生させます。引数が三つのときは、ステレオかモノラルか判断します。

　次に、countLines 関数で入力テキストの行数をカウントします。
countLines 関数が返した値を使って float の配列を割り付けます。その
配列 wav に readData 関数でデータを読み込みます。

　以降は Cwav クラスの cwav オブジェクトを使用し、WAV ヘッダやデー
タを設定し、最後に SaveToFile メソッドで WAV ファイルを書き込み
ます。

■ 使用法

コマンド形式

text2Wav <入力ファイル> <出力ファイル> [s | m]

引数

入力ファイル　テキスト形式の波形ファイル名。

出力ファイル　入力ファイルを変換するファイル名（wav 形式）。

s | m　　　　s は入力がステレオ、m は入力がモノラルを示す、省略する
　　　　　　とモノラル。

使用例

C:¥temp>**text2Wav　foo.txt　bar.wav**

C:¥temp>**text2Wav　foo.txt　bar.wav　s**

5.3 WAV 用クラス

本章で使用したクラスの説明を行います。

5.3.1 WAV ファイルフォーマット

クラスの説明に先立ち、WAV ファイルのフォーマットを説明します。

表 5.1 に WAV フォーマット全体の構造を、表 5.2 に WAV ファイルヘッダ情報を示します。WAV ファイルは複数の可変長ブロックから成り立っています。全体の大きさを管理しながら、WAV ファイルのチャンクを解析します。固定部をデコードしたあとは、各チャンクを解析します。本節で紹介するクラスが解析するのは、'fmt' チャンクと 'data' チャンクのみです。それ以外のチャンクは無視します。'fmt' チャンクには WAV ファイルの重要な情報が格納されています。'data' チャンクには、実際の WAV データが格納されています。

表5.1●WAVフォーマット全体の構造

大きさ	説明
4 バイト	RIFF 形式の識別子 'RIFF'
4 バイト	ファイルサイズ（バイト単位）
4 バイト	RIFF の種類を表す識別子 'WAVE'
4 バイト	タグ 1 参照
4 バイト	データの長さ 1
n バイト	データ 1
4 バイト	タグ 2 参照
4 バイト	データの長さ 2
n バイト	データ 2
（以下繰り返し）	

ひとつの単位（タグ1参照〜タグ2参照）

ひとつの単位（データの長さ2〜データ2）

5 WAV 入門

表5.2●WAVファイルヘッダ情報

大きさ	内容	説明
4 バイト	'RIFF'	RIFF ヘッダ
4 バイト	これ以降のファイルサイズ	（ファイルサイズ −8）
4 バイト	'WAVE'	WAVE ヘッダ RIFF の種類が WAVE であることを表す
4 バイト	'fmt '	fmt チャンクフォーマットの定義
4 バイト	fmt チャンクのバイト数	リニア PCM ならば 16（10000000）
2 バイト	フォーマット ID	リニア PCM ならば 1（0100）
2 バイト	チャンネル数	モノラルならば 1(0100) ステレオならば 2(0200)
4 バイト	サンプリングレート [Hz]	44.1 kHz ならば 44100（44AC0000）
4 バイト	データ速度（Byte/sec）	44.1 kHz 16 bit ステレオならば 44100 × 2 × 2=176400（10B10200）
2 バイト ブロックサイズ（Byte/sample ×チャンネル数）		16bit ステレオならば 2 × 2=4（0400）
2 バイト	サンプルあたりのビット数	(bit/sample) WAV フォーマットでは 8bit か 16 bit、16 bit ならば 16（1000）
2 バイト	拡張部分のサイズ	リニア PCM ならば存在しない
n バイト	拡張部分	リニア PCM ならば存在しない
4 バイト	'data'	data チャンク
4 バイト	波形データのバイト数	波形データの大きさが格納されている
n バイト	波形データ	実際の波形データが入っている

※「説明」のカッコ内は 16 進数表記です。

5.3.2 Cwav クラス

本節で使用するクラスを説明します。

5.3 WAV 用クラス

■ 共通に使用するヘッダファイル

まず、共通に使用するヘッダファイルを示します。

リスト5.2●common.h（¥Class）

```
//============================================================
// common.h
//
// (c)Copyright Spacesoft corp., 2017 All rights reserved.
//                                  Kitayama, Hiroyuki
//============================================================

#ifndef COMMONH__
#define COMMONH__


//------------------------------------------------------------
//  マクロの宣言
#define SP_FREE(p)          if(p) {free(p);     p=NULL;}

#ifndef min
#define min(a,b)  (((a)<(b))?(a):(b))
#endif
#ifndef max
#define max(a,b)  (((a)>(b))?(a):(b))
#endif

#ifndef _MAX_PATH
#define _MAX_PATH    1024
#endif


//------------------------------------------------------------
#endif  /* COMMONH__ */
```

5 WAV 入門

■ Cwav クラスのヘッダファイル

WAV ファイル処理用のクラスのヘッダファイルを示します。

リスト5.3●Cwav.h （¥Class）

```
#ifndef CwavH
#define CwavH

#include "common.h"

static const char *STR_RIFF = "RIFF";
static const char *STR_WAVE = "WAVE";
static const char *STR_fmt  ="fmt ";
static const char *STR_data = "data";

static const int WAV_MONAURAL = 1;
static const int WAV_STEREO   = 2;

//-----------------------------------------------------------
// 構造体の宣言
#pragma pack(push,1)

typedef struct tagSWaveFileHeader
{
  char           hdrRiff[4];   // 'RIFF'
  unsigned int   sizeOfFile;   // ファイルサイズ - 8
  char           hdrWave[4];   // 'WAVE'
} SWaveFileHeader;

typedef struct tagChank
{
  char           hdr[4];       // 'fmt ' or 'data'
  unsigned int   size;         // sizeof(PCMWAVEFORMAT)
                               //    or Waveデーターサイズ
} tChank;

typedef struct tagWaveFormatPcm
```

102

```
{
  unsigned short   formatTag;      // WAVE_FORMAT_PCM
  unsigned short   channels;       // number of channels
  unsigned int     samplesPerSec;  // sampling rate
  unsigned int     bytesPerSec;    // samplesPerSec * channels
                                   //      * (bitsPerSample/8)
  unsigned short   blockAlign;     // block align
  unsigned short   bitsPerSample;  // bits per sampling
} tWaveFormatPcm;

typedef struct tagWrSWaveFileHeader
{
  SWaveFileHeader  wfh;            // Wave File Header
  tChank           cFmt;          // 'fmt '
  tWaveFormatPcm   wfp;           // Wave Format Pcm
  tChank           cData;         // 'data'
} WrSWaveFileHeader;

#pragma pack(pop)


//---------------------------------------------------------
// クラスのヘッダ
class Cwav
{

private:
  // ----- private member --------------------------------
  SWaveFileHeader wFH;
  tWaveFormatPcm  wFP;
  void*           pMem;           // pointer to WAV data
  long            sizeOfData;

  char wavInFName[_MAX_PATH];     // 入力WAVファイル名
  char wavOutFName[_MAX_PATH];    // 出力WAVファイル名

  // ----- private method --------------------------------
  bool readfmtChunk(FILE *fp, tWaveFormatPcm* waveFmtPcm);
```

5 WAV 入門

```cpp
    int  wavHeaderWrite(FILE *fp);
    bool wavDataWrite(FILE *fp);


public:
    // ----- Constructor/Destructor ------------------------
    Cwav(void);                    // コンストラクタ
    virtual ~Cwav(void);           // デストラクタ

    // ----- public method ---------------------------------
    void LoadFromFile(const char *wavefile);  // 読み込み
    void SaveToFile(const char *wavefile);    // 書き込み
    bool printWavInfo(void);                  // 情報表示

    //-----------------------------------------------------
    bool isPCM(void)               // PCMか
    { return wFP.formatTag==1 ? true: false;   }

    //-----------------------------------------------------
    bool is16bit(void)                  // 16ビット・サンプリングか
    { return wFP.bitsPerSample==16 ? true: false; }

    //-----------------------------------------------------
    void to16bit(void)                  // 16ビット・サンプリングへ
    { wFP.bitsPerSample=16;          }

    //-----------------------------------------------------
    bool isStereo(void)            // ステレオか
    { return wFP.channels==WAV_STEREO ? true: false;}

    //-----------------------------------------------------
    void toStereo(void)                 // ステレオへ
    { wFP.channels=WAV_STEREO;          }

    //-----------------------------------------------------
    bool isMonaural(void)          // モノラルか
    { return wFP.channels==WAV_MONAURAL ? true: false;   }
```

5.3 WAV 用クラス

```
//----------------------------------------------------------
void toMonaural(void)            // モノラルへ
{ wFP.channels=WAV_MONAURAL;        }


//----------------------------------------------------------
unsigned int getSamplesPerSec(void)    // sampling rate取得
{ return wFP.samplesPerSec;        }


//----------------------------------------------------------
// sampling rate設定
void setSamplesPerSec(unsigned int samplesPerSec)
{ wFP.samplesPerSec=samplesPerSec;      }


//----------------------------------------------------------
void setBytesPerSec(unsigned int bytesPerSec)
                                // bytesPerSec設定
{ wFP.bytesPerSec=bytesPerSec;       }


//----------------------------------------------------------
long getSizeOfData(void)          // WAVデータサイズの取得
{ return sizeOfData;           }


//----------------------------------------------------------
void setSizeOfData(long size)       // WAVデータサイズの設定
{ sizeOfData=size;            }


//----------------------------------------------------------
unsigned short getBitsPerSample(void)   // 「ビット数 / サンプル」の取得
{ return wFP.bitsPerSample;        }


//----------------------------------------------------------
// 「ビット数 / サンプル」の取得
void setBitsPerSample(unsigned short bitsPerSample)
{ wFP.bitsPerSample=bitsPerSample;      }


//----------------------------------------------------------
void* getPWav(void)            // WAVデータ取得
{ return pMem;              }
```

105

```
//-----------------------------------------------------------
void setPWav(void* pInMem)          // WAVデータ設定
{ pMem=pInMem;                }

//-----------------------------------------------------------
unsigned short getBlockAlign(void)  // WAVデータのblock align取得
{ return wFP.blockAlign;      }

//-----------------------------------------------------------
// WAVデータのblock align設定
void setBlockAlign(unsigned short blockAlign)
{ wFP.blockAlign=blockAlign;         }

//-----------------------------------------------------------
unsigned int getNumOfUnits(void)     // WAVデータのデータ数の取得
{ return sizeOfData/(getBitsPerSample()/8); }

//-----------------------------------------------------------
unsigned int getNumOfSamples(void)   // WAVデータのサンプル数の取得
{ return sizeOfData/getBlockAlign();      }

bool stereo2monaural(void);          // Stereo -> Monaural
bool monaural2stereo(void);          // Monaural -> Stereo
};

//-----------------------------------------------------------
#endif
```

簡単なメソッドはヘッダファイルに実装しました。

■ Cwav クラスの cpp ファイル

コード量が多いメソッドは cpp ファイルに記述します。ヘッダに記述しきれなかったメソッドのソースリストを以降に示します。

5.3 WAV 用クラス

リスト5.4●Cwav.cpp（¥Class）

```cpp
#define _CRT_SECURE_NO_WARNINGS
#include <stdio.h>
#include <string.h>
#include <stdlib.h>
#include "Cwav.h"

//-----------------------------------------------------------
// コンストラクタ
Cwav::Cwav(void) : pMem(NULL), sizeOfData(0)
{
  memset(&wFH, 0, sizeof(wFH));      // 各初期化
  memset(&wFP, 0, sizeof(wFP));
  wavInFName[0] = '¥0';
  wavOutFName[0] = '¥0';
}



//-----------------------------------------------------------
// デストラクタ
Cwav:: ~Cwav(void)
{
  SP_FREE(pMem);                 // WAVデータメモリの削除
}


/****** ↓privateメソッド↓ ******/

//-----------------------------------------------------------
// read and check fmt chank
bool Cwav::readfmtChunk(FILE *fp, tWaveFormatPcm* waveFmtPcm)
{
  if (fread(waveFmtPcm, sizeof(tWaveFormatPcm), 1, fp) != 1)
    return false;

  return true;
}
```

107

```
//----------------------------------------------------------
// wav ヘッダ 書き込み
int Cwav::wavHeaderWrite(FILE *fp)
{
  unsigned short bytes;
  WrSWaveFileHeader wrWavHdr;
  int rCode = -1;

  //RIFF ヘッダ
  strncpy(wrWavHdr.wfh.hdrRiff, STR_RIFF,
      sizeof wrWavHdr.wfh.hdrRiff);

  //ファイルサイズ
  wrWavHdr.wfh.sizeOfFile =
      sizeOfData + sizeof(wrWavHdr) - 8;

  //WAVE ヘッダ
  strncpy(wrWavHdr.wfh.hdrWave, STR_WAVE,
      sizeof wrWavHdr.wfh.hdrWave);

  //fmt チャンク
  strncpy(wrWavHdr.cFmt.hdr, STR_fmt,
      sizeof(wrWavHdr.cFmt.hdr));

  //fmt チャンク
  wrWavHdr.cFmt.size = sizeof(wrWavHdr.wfp);

  //無圧縮PCM = 1
  wrWavHdr.wfp.formatTag = 1;

  //ch (mono=1, stereo=2)
  wrWavHdr.wfp.channels = wFP.channels;

  //sampleng rate(Hz)
  wrWavHdr.wfp.samplesPerSec = wFP.samplesPerSec;
```

```
        //bytes/sec
        bytes = wFP.bitsPerSample / 8;

        wrWavHdr.wfp.bytesPerSec =
            bytes*wFP.channels*wFP.samplesPerSec;

        //byte/サンプル*チャンネル
        wrWavHdr.wfp.blockAlign = bytes*wFP.channels;

        //bit/サンプル
        wrWavHdr.wfp.bitsPerSample = wFP.bitsPerSample;

        //dataチャンク
        strncpy(wrWavHdr.cData.hdr, STR_data,
            sizeof(wrWavHdr.cData.hdr));

        //データ長 (byte)
        wrWavHdr.cData.size = sizeOfData;

        //write header
        if (fwrite(&wrWavHdr, sizeof(wrWavHdr), 1, fp) == 1)
          rCode = ftell(fp);
        else
          rCode = -1;

        return rCode;
}


//----------------------------------------------------------
// ファイル内容書き出し
bool Cwav::wavDataWrite(FILE *fp)
{
  if (fwrite(pMem, sizeOfData, 1, fp) != 1)      // 一回で全部書込
    return false;

  return true;
}
```

5 WAV 入門

```cpp
/****** ↑privateメソッド↑ ******/



//-------------------------------------------------------------
// WAVファイル読み込み
void Cwav::LoadFromFile(const char* wavefile)
{
  tChank chank;
  long    cursor, len;
  FILE    *fp = NULL;

  try
  {
    wavInFName[0] = '\0';                    // 入力WAVファイル名

    if ((fp = fopen(wavefile, "rb")) == NULL)
      throw "入力ファイルをオープンできない.";

    if (fread(&wFH, sizeof(wFH), 1, fp) != 1)    // ヘッダ情報
      throw "wavヘッダエラー.";

    if (memcmp(wFH.hdrWave, STR_WAVE, 4) != 0)   // WAVE ヘッダ情報
      throw "wavヘッダエラー.";

    if (memcmp(wFH.hdrRiff, STR_RIFF, 4) != 0)
      throw "wavヘッダエラー.";

    // 4Byte これ以降のバイト数 = (ファイルサイズ - 8)(Byte)
    len = wFH.sizeOfFile;

    while (fread(&chank, sizeof chank, 1, fp) == 1)   // チャンク情報
    {
      if (memcmp(chank.hdr, STR_fmt, sizeof chank.hdr) == 0)
      {
        len = chank.size;
        cursor = ftell(fp);
        if (!readfmtChunk(fp, &wFP))
```

5.3 WAV 用クラス

```cpp
          throw "wavファイルフォーマットエラー.";
        fseek(fp, cursor + len, SEEK_SET);
      }
      else if (memcmp(chank.hdr, STR_data, 4) == 0)
      {
        sizeOfData = chank.size;
        if ((pMem = malloc(sizeOfData)) == NULL)
          throw "malloc失敗.";

        if (fread(pMem, sizeOfData, 1, fp) != 1)   // 一回で全部読込
          throw "wav読み込み失敗.";
      }
      else
      {
        len = chank.size;
        cursor = ftell(fp);
        fseek(fp, cursor + len, SEEK_SET);
      }
    }
    fclose(fp);

    if (!isPCM())                    // not PCM
      throw "wavファイルがPCMフォーマットでない.";

    strcpy(wavInFName, wavefile);          // 入力WAVファイル名
  }
  catch (char *str)
  {
    SP_FREE(pMem);
    if (fp != NULL)
      fclose(fp);

    throw str;
  }
}

//----------------------------------------------------------
// WAVファイル書き込み
```

111

5 WAV 入門

```c
void Cwav::SaveToFile(const char *outFile)
{
  FILE *fp = NULL;
  int rCode = 0;

  try
  {
    if ((fp = fopen(outFile, "wb")) == NULL)
      throw "出力ファイルをオープンできない.";

    // wav ヘッダ書き込み
    if (wavHeaderWrite(fp) != sizeof(WrSWaveFileHeader))
      throw "wavヘッダ書き込み失敗.";

    if (!wavDataWrite(fp))              // wav データ書き込み
      throw "wavデータ書き込み失敗.";

    fclose(fp);

    strcpy(wavOutFName, outFile);       // 出力WAVファイル名
  }
  catch (char *str)
  {
    SP_FREE(pMem);
    if (fp != NULL)
      fclose(fp);

    throw str;
  }
}


//---------------------------------------------------------
// print WAV info
bool Cwav::printWavInfo(void)
{
  printf("      データ形式: %u (1 = PCM)\n", wFP.formatTag);
  printf("      チャンネル数: %u\n", wFP.channels);
  printf("   サンプリング周波数: %lu [Hz]\n", wFP.samplesPerSec);
```

112

```
  printf("     バイト数 / 秒: %lu [bytes/sec]\n", wFP.bytesPerSec);
  printf(" バイト数×チャンネル数: %u [bytes]\n", wFP.blockAlign);
  printf("   ビット数 / サンプル: %u [bits/sample]\n", wFP.bitsPerSample);
  printf(" WAVデータサイズ=%lu\n\n", sizeOfData);
  printf(" 再生時間=%.3f\n",
         (float)sizeOfData / (float)wFP.bytesPerSec);

  return true;
}

//-----------------------------------------------------------
// ステレオをモノラルへ
bool Cwav::stereo2monaural(void)
{
  setSizeOfData(getSizeOfData() >> 1);
  setBlockAlign(getBlockAlign() >> 1);
  toMonaural();

  return true;
}

//-----------------------------------------------------------
// モノラルをステレオへ
bool Cwav::monaural2stereo(void)
{
  setSizeOfData(getSizeOfData() << 1);
  setBlockAlign(getBlockAlign() << 1);
  toStereo();

  rcturn true;
}
```

5 WAV 入門

■ Cwav クラスの説明

このクラスは、WAV ファイルの読み込みや管理を行います。クラス名は Cwav です。クラスの概要を以降に示します。

宣言など

本クラスでは、いくつかの構造体やコンスタントを使用します。クラスの外側で、コンスタントや構造体の定義を行います。コンスタントはソースコードを参照してください。

各構造体を説明します。tagSWaveFileHeader は WAV ファイルのヘッダ用、tagChank 構造体は各チャンク用、tagWaveFormatPcm 構造体は PCM フォーマット用、そして、tagWrSWaveFileHeader 構造体は WAV ファイルの書き込み用です。

コンストラクタ

Cwav はコンストラクタです。各種のメンバを初期化します。

デストラクタ

~Cwav はデストラクタです。WAV データを格納するメモリが割り付けられていたら破棄します。

メソッド

以降に、各メソッドの機能を簡単にまとめます。

表5.3●publicメソッド

public メソッド	説明
Cwav()	コンストラクタです。
virtual ~Cwav(void)	デストラクタです。
void LoadFromFile(　const char *wavefile)	ファイルから WAV データを読み込みます。
void SaveToFile(　const char *wavefile)	WAV データをファイルへ書き込みます。
bool printWavInfo(void)	WAV 情報を表示します。

114

5.3 WAV 用クラス

public メソッド	説明
bool isPCM(void)	PCM フォーマットなら true を、そうでなかったら false を返します。
bool is16bit(void)	量子化ビットが 16 ビットなら true を、そうでなかったら false を返します。
void to16bit(void)	量子化ビット数を 16 ビットに設定します。
bool isStereo(void)	ステレオなら true を、そうでなかったら false を返します。
void toStereo(void)	ステレオに設定します。
bool isMonaural(void)	モノラルなら true を、そうでなかったら false を返します。
void toMonaural(void)	モノラルに設定します。
unsigned int getSamplesPerSec(void)	サンプリングレートを取得します。
void setSamplesPerSec(unsigned int samplesPerSec)	サンプリングレートを設定します。
void* getPWav(void)	WAV データが格納されているアドレスを取得します。
void setPWav(void* pInMem)	WAV データが格納されているアドレスを設定します。
unsigned short getBlockAlign(void)	WAV データの block align を取得します。
void setBlockAlign(unsigned short blockAlign)	WAV データの block align を設定します。
unsigned int getNumOfUnits(void)	データ数を取得します。
unsigned int getNumOfSamples(void)	サンプル数を取得します。
bool stereo2monaural	ステレオをモノラルへ変換します。
bool monaural2stereo(void)	モノラルをステレオへ変換します。

5 WAV 入門

表5.4●privateメソッド

privateメソッド	説明

bool readfmtChunk(
  FILE *fp,
  tWaveFormatPcm* waveFmtPcm)
	チャンクを読み込みます。

int wavHeaderWrite(FILE *fp)	WAV ファイルのヘッダ部を書き込みます。
bool wavDataWrite(FILE *fp)	WAV ファイルのデータ部を書き込みます。

表5.5●privateフィールド

privateフィールド	説明
SWaveFileHeader wFH	SWaveFileHeader 構造体です。
tWaveFormatPcm wFP	tWaveFormatPcm 構造体です。
void* pMem	WAV データを指すポインタです。
long sizeOfData	WAV データのサイズです。
char wavInFName[_MAX_PATH]	入力 WAV ファイル名を保持します。
char wavOutFName[_MAX_PATH]	出力 WAV ファイル名を保持します。

簡単ですが、これでクラスの説明は完了です。

第6章

周波数フィルタ

6 周波数フィルタ

　音源に対するローパスフィルタやハイパスフィルタ、そしてバンドストップフィルタ（ノッチフィルタ）などを紹介します。いわゆる周波数成分に対するフィルタ処理です。最初にFIRを積和で実現し、次にFFTWを使用しフーリエ変換を行い周波数軸でフィルタ処理を行うプログラムを紹介します。

6.1 積和でフィルタ

　一般的なデジタルフィルタ（FIR）を、ごく素直に積和で実現したプログラムを開発します。本節で開発するプログラムを、一般のフィルタ形式にしたものを図6.1に示します。

図6.1●積和でフィルタ

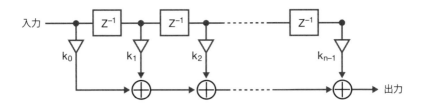

　そもそもFIRは、周波数軸に対するフィルタです。真面目にFIRを時間軸で記述するより、データを周波数軸に変換してから処理すれば、演算量を大幅に削減できるはずです。そこでFFTを使用した例を後述します。

　本節で紹介するプログラムは、図6.1を単純に記述します。このため、ひとつの結果を得るために係数分の積和が必要です。よって、処理時間は係数が多くなるに従い非常に長くなります。このプログラムは、データも係数も外部からテキスト形式で受け取ります。以降に、ソースリストを示します。

6.1 積和でフィルタ

リスト6.1●Source.cpp (¥06basicFilter¥01fir)

```cpp
#define _CRT_SECURE_NO_WARNINGS
#include <stdio.h>

//------------------------------------------------------------
//  マクロの宣言
#define SP_DELETE(p)    if(p) { delete p; p=NULL;}

//------------------------------------------------------------
//countLines
size_t
countLines(const char* fname)
{
  FILE  *fp;
  float data;

  if ((fp = fopen(fname, "rt")) == NULL)
    throw "入力ファイルをオープンできません.";

  int count = 0;
  while (fscanf(fp, "%f", &data) == 1)
    count++;

  fclose(fp);

  if (count <= 0)
    throw "入力ファイルの読み込み失敗.";

  return count;
}

//------------------------------------------------------------
//readData
void
readData(const char* fname, float * buf, const size_t length)
{
  FILE *fp;
```

119

6 周波数フィルタ

```c
  if ((fp = fopen(fname, "rt")) == NULL)
    throw "エラー：入力ファイルをオープンできません.";

  for (int i = 0; i < length; i++)
  {
    if (fscanf(fp, "%f", &buf[i]) != 1)
      throw "エラー：入力ファイルの読み込み失敗.";
  }
  fclose(fp);
}

//-----------------------------------------------------------
// main
int
main(int argc, char *argv[])
{
  float *d = NULL, *k = NULL, *z = NULL;
  int dLength, kLength;

  try
  {
    if (argc != 3)
      throw "<データファイル名> <係数ファイル名> を指定してください.";

    dLength = (int)countLines(argv[1]);
    kLength = (int)countLines(argv[2]);

    d = new float[dLength + kLength - 1]; // 入力用メモリ割付
    k = new float[kLength];               // データ用メモリ割付
    z = new float[dLength];               // 処理結果格納用メモリ割付

    readData(argv[1], d, dLength);        // データ読込
    readData(argv[2], k, kLength);        // 係数読込

    for (int i = dLength; i <dLength + kLength; i++)
      d[i] = (float)0.0;

    // fir実行
    for (int n = 0; n < dLength; n++)
```

```
      {
        z[n] = (float)0.0;
        for (int m = 0; m < kLength; m++)
          z[n] += (k[m] * d[n + m]);
      }

      // 結果出力
      for (size_t n = 0; n < (size_t)dLength; n++)
      {
        fprintf(stdout, "%12.4f¥n", z[n]);
      }
    }
    catch (char *str)
    {
      fputs(str, stderr);
    }
    SP_DELETE(d);
    SP_DELETE(k);
    SP_DELETE(z);

    return 0;
}
```

　本プログラムは、係数とデータを読み込み、FIR 処理を行います。

　countLines 関数は、引数で渡されたファイル名を使用し、そのファイルをオープンし行数を数えます。その値を呼び出し元に返します。ファイルには、1 行にひとつの浮動小数点表記の数値が格納されています。

　readData 関数は、引数の fname で指定されたファイルをオープンし、そのファイルから浮動小数点値を読み込み float 型配列の buf へ格納します。引数の length は読み込むデータ数を示します。これらの二つの関数は「4.3　単純な FFT と IFFT・メモリ節約バージョン」の「4.3.1　FFT プログラム」で紹介したものと同様です。

　main 関数は、最初に引数の数をチェックします。適切な引数が与えられてない場合、使用法を throw して例外を発生させます。例外が発生すると catch ステートメントで捕らえられ、コンソールにメッセージとして表示

されます。countLines関数で、データファイルと係数ファイルをカウントします。この値を使用し、データ用、係数用、処理結果用のfloat配列を割り付けます。データ用の配列長は本来の要素数に、「係数長 −1」分多く割り付けます。続くforループは、最初に示したデジタルフィルタの図6.1そのものです。短い行数ですが、ひとつの解を求めるのに、係数分の積和を行わなければなりません。係数の長さが多くなるほど、飛躍的に演算量が増加します。ここまでの処理について、以降に図で示します。

図6.2●処理概要

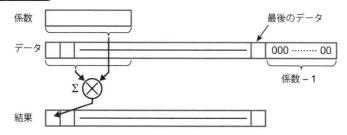

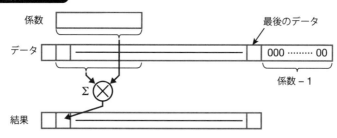

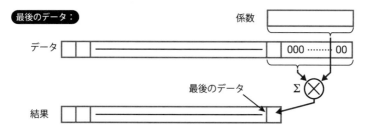

処理が終わったら、結果を stdout へ出力します。データをファイルに保存したい場合、リダイレクトしてください。最後に、確保したメモリを破棄します。

メモリ（オブジェクト）の削除に SP_DELETE を使用しています。これはファイルの先頭で定義したマクロです。既に削除したオブジェクトを誤って再び削除しないようにマクロで定義しました。SP_DELETE は、オブジェクトが NULL でないか検査し、NULL でないときだけ delete します。そして、オブジェクトのポインタに NULL を設定します。このようにしておくと、既に削除したオブジェクトに delete を再発行することを避けることができます。また、このマクロを使用すると、削除済みのオブジェクトへのポインタは必ず NULL に設定されます。本マクロを使用する際は、オブジェクトのポインタを宣言するときに、初期値として NULL を設定してください。

COLUMN

データの作成

本章で紹介するフィルタプログラムは、1 次元の長大なデータが必要です。一般的に、そのような長大なテキストデータを入手できる人は多くないでしょうから、ここで簡単にデータを作成する方法を紹介します。

もし、モノラルの WAV ファイルが入手できるなら、「第 5 章　WAV 入門」の「5.1　WAV ファイルをテキストへ変換」を使用するだけで入手できます。以降に使用例を示します。

```
C:\temp>dumpWav foo.wav > bar.txt
```

上記で、bar.txt に一元データがテキストで格納されます。もし、WAV がステレオの場合、「第 7 章　簡単な音響操作」の「7.4　モノラル変換」を使用して、ステレオデータをモノラルデータへ変換してから上記の手順を行うとよいでしょう。以降に、ステレオをモノラルに変換する使用例を示します。

```
C:\temp>stereo2mono bar.txt bar_monaural.txt
```

このようにすることによって容易に大きな 1 次元データを入手できます。

6 周波数フィルタ

■ 実行方法

　プログラムの実行方法は、プログラム名に続きデータファイル名と係数ファイル名を指定します。処理結果は stdout に表示されます。データは 0 [Hz] 〜 20 [kHz] の信号を、サンプリング周波数 44.1 [kHz]、ビット数 16 でサンプリングしたものです。この値が浮動小数点形式（実数）のテキストで格納されています。係数も、浮動小数点形式のテキストで格納されています。この例では、カットオフ周波数 5 [kHz] のローパスフィルタの係数を与えます。まず、処理に使用したデータファイルの一部を示します。

```
        :
-953.0000
-888.0000
-645.0000
-437.0000
-215.0000
-130.0000
-142.0000
-165.0000
-357.0000
-538.0000
-677.0000
-916.0000
-1041.0000
-1081.0000
-1019.0000
        :
```

　以降に 5 [kHz] 以下を通すフィルタの係数を示します。タップ数 =31、カットオフ周波数 =5000 [Hz] です。

```
-0.0016167912325660463
-0.001067619020160853
```

```
0.00047834994470797974
0.0034209219719891757
0.0067181644741917505
0.007351845449277611
0.0017993777710573224
-0.010794203806284316
-0.025742313672632543
-0.032771141930301007
-0.020001900279568045
0.01942612897662704
0.08167129061868848
0.15119873354514363
0.20596746178073053
0.22675736961451243
0.20596746178073053
0.15119873354514363
0.08167129061868848
0.01942612897662704
-0.020001900279568045
-0.032771141930301007
-0.025742313672632543
-0.010794203806284316
0.0017993777710573224
0.007351845449277611
0.0067181644741917505
0.0034209219719891757
0.00047834994470797974
-0.001067619020160853
-0.0016167912325660463
```

　コマンドの指定例を示します。引数には、データファイルと係数ファイル
を指定します。出力は長大になる可能性が高いのでリダイレクトするのがよ
いでしょう。

6 周波数フィルタ

コマンド形式
```
fir  データファイル名  係数ファイル名  [ > リダイレクト先 ]
```
指定例
```
C:¥temp>fir  foo.txt  bar.txt  >  baz.txt
```

■スペクトル

　実行結果を観察してみます。まず、入力データの周波数スペクトルを示します。周波数スペクトルの周波数軸は、20 [kHz] までなので対数は使わずリニア表示します。

図6.3●入力データのスペクトル

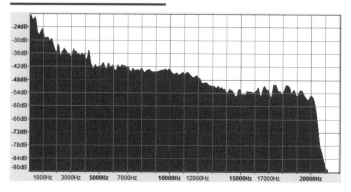

次に処理した結果の周波数スペクトルを示します。カットオフ周波数を 5 [kHz] にしたので、5 [kHz] 付近から減衰しています。

図6.4●タップ数31、カットオフ周波数=5000 [Hz]のスペクトル

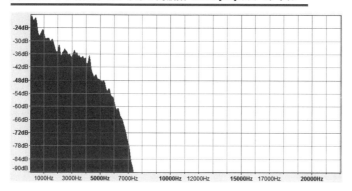

同様の条件で、係数を1023個へ増やしたものも示します。図は処理データの周波数スペクトルです。

図6.5●スペクトル、条件はタップ数1023、カットオフ周波数=5000 [Hz]

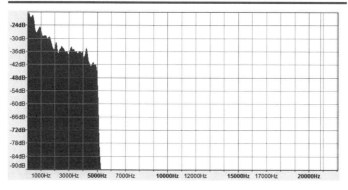

タップ数（係数の数）が31個のものに比べ、急峻に 5 [kHz] 付近から減衰しています。単純に積和を繰り返しますので、係数が多くなるほど飛躍的に演算量が増え、処理速度は急速に遅くなります。

6.2 FFT でフィルタ

前節で、ひたすら積和を行うデジタルフィルタを実装しました。本節ではFFTを使用し、ある音源に対し時間軸を周波数軸に変換し、周波数軸に対しフィルタ処理を行います。本節では、重畳加算法を用いたフィルタを開発します。重畳加算法（オーバラップアッド法、overLap-add method）とは、非常に長い信号とFIRフィルタの離散畳み込みを分割して処理する手法です。簡単に概念図を示します。

図6.6●FFTでフィルタ概念図

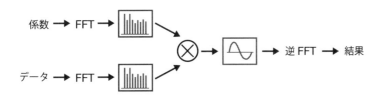

図6.6は有限で短いデータを扱っていますが、実際は長さが不明な場合や長大であるため、ある一定のデータ数で区切って処理します。本書ではFFTやIFFT処理は、有名なFFTWライブラリを採用します。FFTWの使用法やインストールについては既に解説済みです。以降に、FFTWライブラリを使用したフィルタのソースリストを示します。

リスト6.2●Source.cpp（¥06basicFilter¥02fftfir）

```
#define _CRT_SECURE_NO_WARNINGS
#include <stdio.h>
#include <string.h>

//----------------------------------------------------------
// マクロの宣言
#define SP_DELETE(p)    if(p) { delete p; p=NULL;}
```

6.2 FFTでフィルタ

```cpp
#include "/fftw-3.3.5-dll64/fftw3.h"
#pragma comment(lib, "/fftw-3.3.5-dll64/libfftw3f-3.lib")

//-----------------------------------------------------------
//countLines
size_t
countLines(const char* fname)
{
  FILE  *fp;
  float data;

  if ((fp = fopen(fname, "rt")) == NULL)
    throw "入力ファイルをオープンできません.";

  int count = 0;
  while (fscanf(fp, "%f", &data) == 1)
    count++;

  fclose(fp);

  if (count <= 0)
    throw "入力ファイルの読み込み失敗.";

  return count;
}


//-----------------------------------------------------------
//adjustAlignment
int
adjustAlignment(const int length, const int align)
{
  int lengthOfAlignment = length%align ?
    ((length / align) + 1)*align : length;

  return lengthOfAlignment;
}
```

129

```
//----------------------------------------------------------
// 2の累乗
// 見つからないときはマイナスが返る。
int
nextPower2(const int in)
{
  int i = 2;

  while (true)
  {
    if (i >= in)
      break;

    i <<= 1;
    if (i < 0)
      break;
  }
  return i;
}


//----------------------------------------------------------
//readAndZeropad
//
// data read and padding zero
void
readAndZeropad(const char* fname, float d[],
               const int orgLength, const int length)
{
  FILE *fp;

  if ((fp = fopen(fname, "rt")) == NULL)
    throw "ファイルをオープンできません.";

  for (int i = 0; i< orgLength; i++)
    fscanf(fp, "%f", &d[i]);

  fclose(fp);
```

```cpp
  for (int i = orgLength; i < length; i++)
    d[i] = 0.0f;
}

//-------------------------------------------------------------
//fftAndZeroPadding
//
// dataの要素数はlength -> inへlength*2、後半は0を埋める
// outの要素数はlength+1
//
// FFT点数はlength*2
//
void
ZeroPaddingAndFft(fftwf_complex *out, float data[],
       const int length)
{
  float *in = new float[length * 2];
  memcpy((void*)in, data, sizeof(data[0])*length);
  for (int i = length; i<length * 2; i++)   // Zero padding
    in[i] = 0.0f;

  fftwf_plan plan = fftwf_plan_dft_r2c_1d(length * 2, in,
       out, FFTW_ESTIMATE);
  fftwf_execute(plan);
  fftwf_destroy_plan(plan);

  delete in;
}

//-------------------------------------------------------------
//mulComplex
//
// overwrite d
//
// Z1 = a + jb, Z2 = c + jd ( j: image)
//
// Z3 = Z1*Z2
```

6 周波数フィルタ

```c
//     = (a + jb)(c + jd )
//             2
//     =  ac + jad  +  jbc + jbd
//     = (ac - bd ) + j(ad + bc)
//
void
mulComplex(fftwf_complex *k, fftwf_complex *d,
        const int length)
{
  for (int i = 0; i<length; i++)
  {
    float real = (k[i][0] * d[i][0]) - (k[i][1] * d[i][1]);
                                    // (ac - bd )
    float imag = (k[i][0] * d[i][1]) + (k[i][1] * d[i][0]);
                                    // j(ad + bc)
    d[i][0] = real;
    d[i][1] = imag;
  }
}


//----------------------------------------------------------
//dataIFFT(ifft)
void
dataIFFT(float *dIFFT, fftwf_complex *dFFT, const int length)
{
  fftwf_plan plan = fftwf_plan_dft_c2r_1d(length, dFFT,
        dIFFT, FFTW_ESTIMATE);
  fftwf_execute(plan);
  fftwf_destroy_plan(plan);

  for (int i = 0; i < length; i++)
    dIFFT[i] /= (float)length;
}


//----------------------------------------------------------
//main
//
```

6.2 FFT でフィルタ

```
// *d: データ，*k: 係数，*z: 結果
//
// kOrgLength: *dのオリジナル長
// dOrgLength: *kのオリジナル長
// kLength: kOrgLengthを2の累乗に調整した長さ
// dLength: dOrgLengthをkLengthに調整した長さ
//
// *dFFT: *dを一定長でFFTした結果
// *kFFT: *kをFFTした結果
//
int
main(int argc, char* argv[])
{
  float *d = NULL, *k = NULL, *z = NULL, *dIFFT = NULL;
  fftwf_complex *dFFT = NULL, *kFFT = NULL;
  int dLength, kLength, dOrgLength, kOrgLength;

  try
  {
    if (argc != 3)
      throw "<データファイル名> <係数ファイル名> を指定してください.";

    char* dName = argv[1];
    char* kName = argv[2];

    kOrgLength = (int)countLines(kName);
    kLength = nextPower2(kOrgLength);   // aligns power2(n)
    dOrgLength = (int)countLines(dName);
    dLength = adjustAlignment(dOrgLength, kLength);
                                        // align FFT tap

    d = new float[dLength];             // データ用メモリ割付
    k = new float[kLength];             // 係数用メモリ割付

    readAndZeropad(kName, k, kOrgLength, kLength);
                                // 係数読込, w/ zeropad
    readAndZeropad(dName, d, dOrgLength, dLength);
                                // データ読込, w/ zeropad
```

6 周波数フィルタ

```
// 係数をFFT
int kFFTlength = kLength + 1;        // length of FFT(係数)
kFFT = fftwf_alloc_complex(kFFTlength);
ZeroPaddingAndFft(kFFT, k, kLength);


// データをFFT
int dFFTlength = dLength + (dLength / kLength);
                                // length of FFT(データ)
dFFT = fftwf_alloc_complex(dFFTlength);
for (int i = 0; i < dLength; i += kLength)
  ZeroPaddingAndFft(&dFFT[i + (i / kLength)],
          &d[i], kLength);


// 係数をFFT × データをFFT の複素数乗算
for (int i = 0; i < dFFTlength; i += kFFTlength)
  mulComplex(kFFT, &dFFT[i], kFFTlength);



// データをIFFT
int dIFFTlength = dLength * 2;   // length of IFFT data
dIFFT = new float[dIFFTlength];
for (int i = 0; i < dLength; i += kLength)
  dataIFFT(&dIFFT[i * 2], &dFFT[i + (i / kLength)],
        kLength * 2);


// オーバラップド加算
z = new float[dLength];                 // 処理結果格納用メモリ割付
int pos = 0;
for (int j = kLength; j < dIFFTlength - (kLength * 2);
     j += (kLength * 2))
  for (int i = 0; i < kLength; i++)
    z[pos++] = dIFFT[j + i] + dIFFT[j + i + kLength];
```

6.2 FFT でフィルタ

```
    for (size_t n = 0; n < dOrgLength; n++)      // 結果出力
      printf("%12.4f¥n", z[n]);
  }
  catch (char *str)
  {
    fputs(str, stderr);
  }

  if (kFFT != NULL)                    // メモリ解放
    fftwf_free(kFFT);
  if (dFFT != NULL)
    fftwf_free(dFFT);

  SP_DELETE(dIFFT);
  SP_DELETE(d);
  SP_DELETE(k);
  SP_DELETE(z);

  return 0;
}
```

いくつかの処理を関数に分離しましたので、それぞれの関数の機能を表で
説明します。

表6.1●関数

関数	説明
size_t countLines(const char* fname)	ファイル fname をオープンし、データ数を数え、その値を呼び出し元に返します。
int adjustAlignment(const int length, const int align)	length の値を、align の整数倍に調整し、その値を呼び出し元へ返します。
int nextPower2(const int in)	in の値が 2 の累乗でない場合、もっとも近くて in 以上の 2 の累乗を呼び出し元へ返します。

135

関数	説明
void ZeroPaddingAndFft(　fftwf_complex *out, 　float data[], 　const int length)	FFT を実行します。入力データは data 配列に格納されており、結果は out へ返されます。out は fftwf_complex 型で、呼び出し側で割り付ける必要があります。length は入力データ数を表します。out に data を FFT した結果が格納されますが、fftwf_plan_dft_r2c_1d 関数で FFT を実行するため、結果の長さは length+1 です。
void mulComplex(　fftwf_complex *k, 　fftwf_complex *d, 　int length)	複素数 k と d の乗算を行います。結果は、d に上書きされます。 　$k = a + bi,\ d = c + di$ とすると、 　$k \times d = (a + bi) \times (c + di)$ 　　　$= (ac - bd) + (ad + bc)i$ となり、実数部と虚数部を別々に格納します。なお、コードのコメントでは i の代わりに j を使用します。工学系の人なら、i を使用しない理由はご存じだと思います。
void dataIFFT(　float *dIFFT, 　fftwf_complex *dFFT, 　const int length)	FFT されたデータが dFFT に格納されています、それを IFFT して、dIFFT に格納します。

　main 関数を頭から順に説明します。まず、引数の数をチェックします。適切な引数が与えられてない場合、使用法を throw して例外を発生させます。例外が発生すると catch ステートメントで捕らえられ、コンソールにメッセージを表示します。

　countLines 関数で、係数とデータをカウントします。それぞれの値を、kOrgLength と dOrgLength へ保存します。このままでは処理に問題があるため、nextPower2 関数と adjustAlignment 関数を呼び出し、長さを調整します。調整後の値を、それぞれ kLength と dLength へ格納します。この値を使用し、データ用と係数用の float 配列を割り付けます。次に、readAndZeropad 関数を使用し、データと係数を float 配列へ読み込むとともに、調整した部分へゼロパディング処理を行います。これでフィルタ処理の準備ができました。

まず、係数をFFTします。係数をFFTした値を格納するkFFTを割り付けます。kFFTの割り付けにはFFTWが用意するfftwf_alloc_complex関数を用います。本プログラムは、入力データを2倍（2N）に拡張して処理します。このため、結果を格納するメモリは、入力データ量と同じサイズが必要です。ところが、FFT処理にfftwf_plan_dft_r2c_1d関数を用いるので、ひとつの区間kLengthに対し、FFTした結果はkLength+1となります。割り付けが完了したら、ZeroPaddingAndFft関数を呼び出し、係数をFFTした結果をkFFTに格納します。係数のFFT処理は1回行うだけです。

図6.7●処理概要

次に、データをFFTした値を格納するdFFTを割り付けます。先ほどと同様に、fftwf_alloc_complex関数を用いて、データをFFTした値を格納するdFFTを割り付けます。データ用のFFT用のメモリ確保もfftwf_alloc_complex関数を使用し、引数にdFFTlengthを指定します。dFFTlengthは「dLength + (dLength / kLength)」を保持しています。for文を使用し、係数長（kLength）単位でZeroPaddingAndFft関数を呼び出してFFTします。格納するdFFTの位置は、少しずつズレます。これは、出力が入力と同じ数でないためです。このプログラムでは、すべてのデータをFFTしメモリに保持していますが、必要な部分を、そのつどFFTするとメモリを節約できます。ここではプログラムが簡単になるように、すべてをメモリ上に展開する方法を採用します。

6 周波数フィルタ

図6.8●処理概要

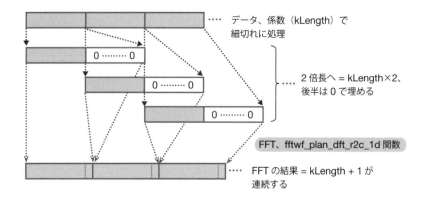

　これで、データを FFT した結果が dFFT へ、係数を FFT した結果が kFFT に納められます。係数とデータを FFT したら、その値を乗算（複素数の乗算）します。この処理は、mulComplex 関数で実行されます。乗算は、FFT の点数単位で処理します。

図6.9●処理概要

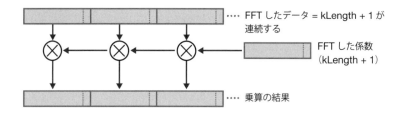

　そして得られた結果を IFFT（逆 FFT）し、元へ戻します。本プログラムは、全体を割り付けていますので、IFFT した結果を納めるメモリ量はデータ量の倍になります。dFFT と dIFFT の所定の位置、そして長さを指定して dataIFFT 関数を呼び出し、IFFT します。

最後にオーバーラップアッド法を行います。IFFT した結果をオーバーラップさせて加算したあと、結果を所定の位置に格納します。

図6.10●処理概要

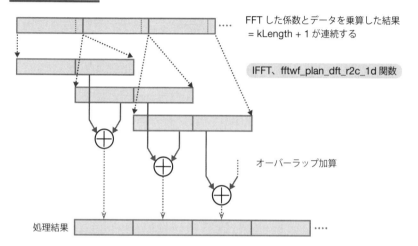

これで、処理結果には周波数帯域に操作を加えた結果が格納されます。

6 周波数フィルタ

これまでの処理を図で示します。

図6.11●全体の処理概要

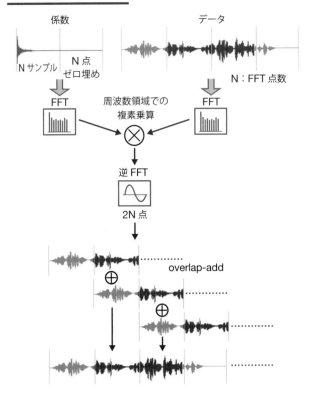

■ 実行方法

プログラムの実行方法は、先のプログラムと同様です。ここでは、データは 0 [Hz] 〜 20 [kHz] の信号を、サンプリング周波数 44.1 [kHz]、ビット数 16 でサンプリングしたもので、係数は、カットオフ周波数 8 [kHz] のハイパスフィルタの係数を与えます。処理に使用したファイルの一部を示します。まず、データファイルを示します。

```
      :
-953.0000
-888.0000
-645.0000
-437.0000
-215.0000
-130.0000
-142.0000
-165.0000
-357.0000
-538.0000
-677.0000
-916.0000
-1041.0000
-1081.0000
-1019.0000
      :
```

以降に 8 [kHz] 以上を通すハイパスフィルタの係数を示します。タップ数 =2043、カットオフ周波数 =8000 [Hz] です。

```
1.176350386046850e-05
-1.503186871559826e-05
-2.436085863952902e-05
-5.312549713916531e-06
1.997257207100508e 05
2.203362133755914e-05
-1.589156487550178e-06
-2.342092687003931e-05
```

6 周波数フィルタ

```
-1.800283280909230e-05
 8.423626844556446e-06
 2.510478654239842e-05
 1.255926447362790e-05
-1.467371214634577e-05
-2.488133388413355e-05
          :
          :
          :
 1.255926447362790e-05
 2.510478654239842e-05
 8.423626844556446e-06
-1.800283280909230e-05
-2.342092687003931e-05
-1.589156487550178e-06
 2.203362133755914e-05
 1.997257207100508e-05
-5.312549713916531e-06
-2.436085863952902e-05
-1.503186871559826e-05
 1.176350386046850e-05
```

　コマンドの指定例を示します。引数には、データファイルと係数ファイル
を指定します。出力は長大になる可能性が高いのでリダイレクトするのがよ
いでしょう。

コマンド形式

　fftfir　データファイル名　係数ファイル名　〔　＞　リダイレクト先　〕

指定例

　C:¥temp>**fftfir　foo.txt　bar.txt　＞　baz.txt**

142

■スペクトル

実行結果を観察してみます。周波数スペクトルを示します。周波数スペクトルの周波数軸は、20 [kHz] までなので対数は使わずリニア表示します。

図6.12●入力データのスペクトル

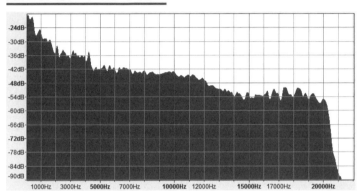

次に処理した結果の周波数スペクトルを示します。カットオフ周波数を 8 [kHz] にしたので、8 [kHz] 付近以上が通過しています。左の軸が先の図と違いますので、レベルが異なって見えますが、それは縦軸の値が異なるためです。

図6.13●出力データのスペクトル

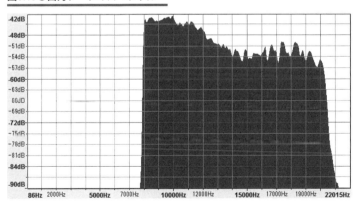

タップ数（係数の数）が多いため、急峻に 8 [kHz] 付近から立ち上がっています。係数を変更するだけでノッチフィルタやローパス、そして任意のカットオフ周波数を指定できます。係数に関しては、FIR の係数を求めるツールやサイトがネットに転がっていますので、自身で設計できない人は、そのまま特性だけ指定し、係数を生成させるとよいでしょう。本書もそのようなサイトを利用して係数を入手しました。これについては参考資料などを参照してください。

以降に係数を変更し、特定の帯域だけを減衰させるバンドストップフィルタ（ノッチフィルタ）の例を示します。バンドストップフィルタ（ノッチフィルタ）は、バンドパスフィルタとは逆の動作をします。ここでは、200 [Hz] ～ 1500 [Hz] を減衰させます。

図6.14●出力データのスペクトル

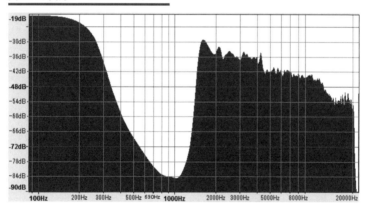

ついでに前節で試したカットオフ周波数を 5 [kHz] にしたものも試してみましょう。処理した結果の周波数スペクトルを示します。カットオフ周波数を 5 [kHz]、係数は 1024 を採用します。図は処理後の周波数スペクトルです。

図6.15 ● タップ数1024、カットオフ周波数=5000 [Hz]

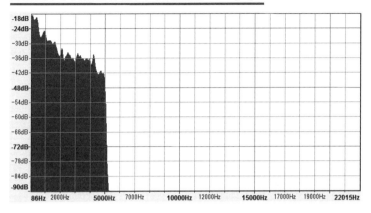

前節の結果を短時間で得られます。

6 周波数フィルタ

6.3 FFTW 関数を変更

　前節のプログラムは、FFT と IFFT に、それぞれ fftwf_plan_dft_
r2c_1d 関数と fftwf_plan_dft_c2r_1d 関数を利用しました。この関数
の方がデータの並び替えが不要で、FFT の結果も短くなりメモリの使用量を
節約できます。ここで使用した関数を fftwf_plan_dft_1d 関数に変更し
たものを示します。処理結果は同じですが、使用する関数が異なるため、細
かな誤差が出る場合もあります。以降に、ソースリストを示します。

リスト6.3●Source.cpp （¥06basicFilter¥03fftfirDft1d）

```cpp
#define _CRT_SECURE_NO_WARNINGS
#include <stdio.h>
#include <string.h>

//----------------------------------------------------------
//   マクロの宣言
#define SP_DELETE(p)    if(p) { delete p; p=NULL;}

#include "/fftw-3.3.5-dll64/fftw3.h"
#pragma comment(lib, "/fftw-3.3.5-dll64/libfftw3f-3.lib")

//----------------------------------------------------------
//countLines
size_t
countLines(const char* fname)
{
  FILE  *fp;
  float data;

  if ((fp = fopen(fname, "rt")) == NULL)
    throw "入力ファイルをオープンできません.";
```

146

```
  int count = 0;
  while (fscanf(fp, "%f", &data) == 1)
    count++;

  fclose(fp);

  if (count <= 0)
    throw "入力ファイルの読み込み失敗.";

  return count;
}


//-----------------------------------------------------------
//adjustAlignment
int
adjustAlignment(const int length, const int align)
{
  int lengthOfAlignment = length%align ?
    ((length / align) + 1)*align : length;

  return lengthOfAlignment;
}

//-----------------------------------------------------------
// 2の累乗
// 見つからないときはマイナスが返る。
int
nextPower2(const int in)
{
  int i = 2;

  while (true)
  {
    if (i >= in)
      break;
```

```
    i <<= 1;
    if (i < 0)
      break;
  }
  return i;
}


//----------------------------------------------------------
//readAndZeropad
//
// data read and padding zero
void
readAndZeropad(const char* fname, float d[],
               const int orgLength, const int length)
{
  FILE *fp;

  if ((fp = fopen(fname, "rt")) == NULL)
    throw "ファイルをオープンできません.";

  for (int i = 0; i< orgLength; i++)
    fscanf(fp, "%f", &d[i]);

  fclose(fp);

  for (int i = orgLength; i < length; i++)
    d[i] = 0.0f;
}


//----------------------------------------------------------
//ZeroPaddingAndFft
//
// dataの要素数はlength -> inへlength*2、後半は0を埋める
// outの要素数はlength*2
//
// FFT点数はlength*2
//
void
```

6.3 FFTW 関数を変更

```
ZeroPaddingAndFft(fftwf_complex *out, float data[],
        const int length)
{
  fftwf_complex *in =
    (fftwf_complex *)
    fftwf_malloc(sizeof(fftwf_complex)*length * 2);

  //data to fftwf format, and padding 0
  for (int i = 0; i<length; i++)
  {
    in[i][0] = data[i];        // 実数部
    in[i][1] = 0.0f;           // 虚数部
  }
  for (int i = length; i<length * 2; i++)
  {
    in[i][0] = 0.0f;           // 実数部
    in[i][1] = 0.0f;           // 虚数部
  }

  // 1次元のDFTを実行, FFT
  fftwf_plan plan = fftwf_plan_dft_1d(length * 2, in, out,
        FFTW_FORWARD, FFTW_ESTIMATE);
  fftwf_execute(plan);
  fftwf_destroy_plan(plan);

  fftwf_free(in);
}

//----------------------------------------------------------
//mulComplex
//
// overwrite d
//
//  Z1 = a + jb, Z2 = c + jd ( j: image)
//
//  Z3 = Z1*Z2
//     = (a + jb)(c + jd )
//               2
```

6 周波数フィルタ

```
//      =  ac + jad  +  jbc + jbd
//      = (ac - bd ) + j(ad + bc)
//
void
mulComplex(fftwf_complex *k, fftwf_complex *d,
        const int length)
{
  for (int i = 0; i<length; i++)
  {
    float real = (k[i][0] * d[i][0]) - (k[i][1] * d[i][1]);
                                     // (ac - bd )
    float imag = (k[i][0] * d[i][1]) + (k[i][1] * d[i][0]);
                                     // j(ad + bc)
    d[i][0] = real;
    d[i][1] = imag;
  }
}


//----------------------------------------------------------
//dataIFFT(ifft)
void
dataIFFT(fftwf_complex *dIFFT, fftwf_complex *dFFT,
        const int length)
{
  fftwf_plan plan;

  // 1次元のDFTを実行, FFT
  plan = fftwf_plan_dft_1d(length, dFFT, dIFFT,
        FFTW_BACKWARD, FFTW_ESTIMATE);
  fftwf_execute(plan);
  fftwf_destroy_plan(plan);
  for (int i = 0; i < length; i++)
  {
    dIFFT[i][0] /= (float)length;
    dIFFT[i][1] /= (float)length;
  }
}
```

6.3 FFTW 関数を変更

```
//----------------------------------------------------------
//main
//
// *d: データ, *k: 係数, *z: 結果
//
// kOrgLength: *dのオリジナル長
// dOrgLength: *kのオリジナル長
// kLength: kOrgLengthを2の累乗に調整した長さ
// dLength: dOrgLengthをkLengthに調整した長さ
//
// *dFFT: *dを一定長でFFTした結果
// *kFFT: *kをFFTした結果
//
int
main(int argc, char* argv[])
{
  float *d = NULL, *k = NULL, *z = NULL, *dIFFT = NULL;
  fftwf_complex *dFFT = NULL, *kFFT = NULL;
  int dLength, kLength, dOrgLength, kOrgLength;

  try
  {
    if (argc != 3)
      throw "<データファイル名> <係数ファイル名> を指定してください.";

    char* dName = argv[1];
    char* kName = argv[2];

    kOrgLength = (int)countLines(kName);
    kLength = nextPower2(kOrgLength);    // aligns power2(n)
    dOrgLength = (int)countLines(dName);
    dLength = adjustAlignment(dOrgLength, kLength);
                                         // align FFT tap

    d = new float[dLength];              // データ用メモリ割付
    k = new float[kLength];              // 係数用メモリ割付
```

151

6 周波数フィルタ

```
readAndZeropad(kName, k, kOrgLength, kLength);
                          // 係数読込,  w/ zeropad
readAndZeropad(dName, d, dOrgLength, dLength);
                          // データ読込, w/ zeropad


// 係数をFFT
int kFFTlength = kLength * 2;   // length of FFT(係数)
kFFT = fftwf_alloc_complex(kFFTlength);
ZeroPaddingAndFft(kFFT, k, kLength);


// データをFFT
int dFFTlength = dLength * 2;   // length of FFT(データ)
dFFT = fftwf_alloc_complex(dFFTlength);
for (int i = 0; i < dLength; i += kLength)
  ZeroPaddingAndFft(&dFFT[i*2], &d[i], kLength);


// 係数をFFT × データをFFT の複素数乗算
for (int i = 0; i < dFFTlength; i += kFFTlength)
  mulComplex(kFFT, &dFFT[i], kFFTlength);


// データをIFFT
int dIFFTlength = dFFTlength;   // length of IFFT data
fftwf_complex *dIFFT =
    (fftwf_complex *)
    fftwf_malloc(sizeof(fftwf_complex)*dIFFTlength);
for (int i = 0; i < dFFTlength; i += kFFTlength)
  dataIFFT(&dIFFT[i], &dFFT[i], kFFTlength);


// オーバラップド加算
z = new float[dLength];            // 処理結果格納用メモリ割付
int pos = 0;
for (int j = kLength; j < dIFFTlength - (kLength * 2);
    j += (kLength * 2))
```

152

6.3 FFTW 関数を変更

```
      for (int i = 0; i < kLength; i++)
        z[pos++] = dIFFT[j + i][0] + dIFFT[j + i +
          kLength][0];


    for (size_t n = 0; n < dOrgLength; n++)     // 結果出力
      printf("%12.4f¥n", z[n]);
  }
  catch (char *str)
  {
    fputs(str, stderr);
  }

  if (kFFT != NULL)                   // メモリ解放
    fftwf_free(kFFT);
  if (dFFT != NULL)
    fftwf_free(dFFT);

  SP_DELETE(dIFFT);
  SP_DELETE(d);
  SP_DELETE(k);
  SP_DELETE(z);

  return 0;
}
```

以降に、先のプログラムと異なる部分を説明します。

　係数を FFT しますが、異なる関数を使用するため、FFT した値を格納する kFFT のサイズが先のプログラムと異なります。kFFT の割り付けは fftwf_alloc_complex 関数を用います。FFT の結果を格納するには、入力データ長の 2 倍 (2N)、つまり kLength × 2 が必要です。割り付けが完了したら、ZeroPaddingAndFft 関数を呼び出し、係数を FFT した結果を kFFT に格納します。係数の FFT 処理は 1 回行うだけです。

153

6 周波数フィルタ

図6.16●処理概要

次に、データを FFT した値を格納する dFFT を割り付けます。先ほどと同様に、fftwf_alloc_complex 関数を用いて、データを FFT した値を格納する dFFT を割り付けます。データ用の FFT 用のメモリ確保も fftwf_alloc_complex 関数を使用し、引数に dFFTlength を指定します。dFFTlength は「dLength × 2」を保持しています。以降に、データを FFT する様子を図で示します。

図6.17●処理概要

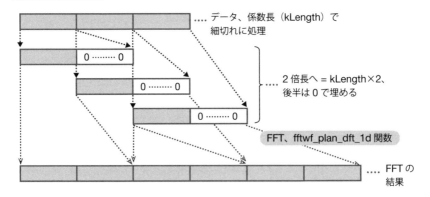

これで、データを FFT した結果が dFFT へ、係数を FFT した結果が kFFT に納められます。係数とデータを FFT したら、その値を乗算（複素数の乗算）します。この処理は、mulComplex 関数で実行されます。乗算は、FFT の点数単位で処理します。

154

図6.18●処理概要

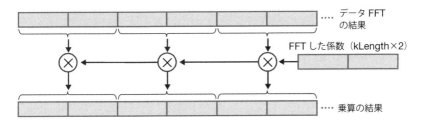

　そして得られた結果をIFFT（逆FFT）し、元へ戻します。dFFTとdIFFTの所定の位置、そして長さを指定してdataIFFT関数を呼び出し、IFFTします。最後にオーバラップアッド法を行いますが、先ほどのプログラムと同様です。ただ、先ほどのプログラムが、floatの加算でしたが、このプログラムは、fftwf_complexの実数部のみから結果を得ます。これで、周波数帯域に操作を加えた結果が格納されます。

　本プログラムは、データの並び替えやメモリ使用量が増え、デメリットしかなさそうに感じます。ところが、FFT/IFFTの長さ調整に自由度がありますので、オーバラップ量を調整することで応用の幅が広くなります。外部からオーバラップ量を与えられるようにしようかと思いましたが、現在時点でも十分複雑になっていますので、そのような拡張は行いません。拡張が必要な人は、自身で挑戦してください。

第7章

簡単な音響操作

7 簡単な音響操作

既に FFT などを使用したフィルタを紹介しました。せっかく音響の概要や WAV ファイルのフォーマットなどの理解も進みましたので、いくつか簡単な音響操作を行うプログラムを紹介します。

7.1 ボリューム変換

波形のレベルを変換するプログラムを紹介します。以降にソースリストを示します。

リスト7.1●Source.cpp（¥07besicEffects¥01volume）

```cpp
#define _CRT_SECURE_NO_WARNINGS
#include <stdio.h>
#include <stdlib.h>

#ifndef min
#define min(a,b) (((a)<(b))?(a):(b))
#endif
#ifndef max
#define max(a,b) (((a)>(b))?(a):(b))
#endif

//----------------------------------------------------------
int inline sat_short(const int in)
{
  return  max(-32768, min(32767, in));
}

//----------------------------------------------------------
//effect
void
effect(const char  *in, const char *out, const char *vol)
```

158

7.1 ボリューム変換

```c
{
  FILE *fpin= NULL, *fpout=NULL;

  try
  {
    if ((fpin = fopen(in, "rt")) == NULL)
      throw "入力ファイルをオープンできません.";
    if ((fpout = fopen(out, "wt")) == NULL)
      throw "出力ファイルをオープンできません.";

    float volume = (float)atof(vol);

    int d;
    while (true)
    {
      if (fscanf(fpin, "%d", &d) != 1)
        break;

      d = (int)((float)d * volume);

      fprintf(fpout, "%d\n", sat_short(d));
    }
  }
  catch (char *str)
  {
    fputs(str, stderr);
  }
  fclose(fpin);
  fclose(fpout);
}


//-----------------------------------------
// main
int
main(int argc, char *argv[])
{
  try
```

159

```
  {
    if (argc < 4)              //引数チェック
      throw "引数に <入力.txt> <出力.txt> <ボリューム>を指定してください.";

    effect(argv[1], argv[2], argv[3]);

    fprintf(stderr, "¥n[%s] を [%s] へ変換しました.¥n", argv[1], argv[2]);
  }
  catch (char *str)
  {
    fputs(str, stderr);
  }
  return 0;
}
```

　入力も出力もテキストです。ファイルフォーマットは、「第5章　WAV
入門」で示したものと同じです。少し異なるのは、入力データ、出力データ
共に整数形式で格納されていると想定している点です。

　main 関数を頭から順に説明します。まず、引数の数をチェックします。
適切な引数が与えられてない場合、使用法を throw して例外を発生させま
す。例外が発生すると catch ステートメントで捕らえられ、コンソールに
メッセージとして表示されます。本プログラムは、引数に［入力ファイル
名］、［出力ファイル名］、そして［ボリュームの値］を指定しなければな
りません。ボリュームの値は小数点以下まで指定できます。実際の処理は
effect 関数で実施されます。最後に、完了メッセージを表示してプログラ
ムは終了します。

　efffect 関数は入力ファイルからデータを読み込み、その値に［ボリュー
ムの値］を乗算し、結果を出力ファイルに書き込みます。出力ファイルに書
き込む際に、sat_short 関数で値を short が保持できる範囲（符号付き
16 ビット整数）へ飽和させます。この処理を忘れると、符号が無視される
ため音割れが発生します。

■ サイン波へ 0.8 を指定した例

　入力のレベルを 8 割に変換する概要を図に示します。最後の引数に 0.8 を指定すると、入力に対し出力のレベル（振幅）が 0.8 倍に変換されます。

図7.1●サイン波へ0.8を指定

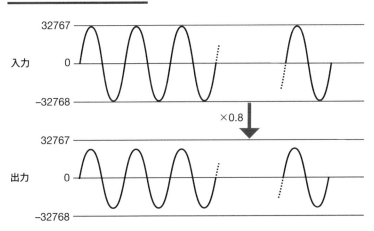

■ 1.5 倍を指定し、飽和する例

　最後の引数に 1.5 を指定すると、入力に対し出力のレベル（振幅）が 1.5 倍に変換されます。最大値や最小値を超えた部分は表現できる範囲にクリップ（飽和）されます。

図7.2● サイン波へ1.5を指定

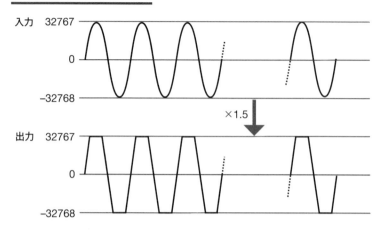

■ 使用法

プログラムの使用方法を示します。

コマンド形式

volume <入力.txt> <出力.txt> <増幅値>

使用例

C:¥temp>**volume foo.txt bar.txt 1.5**
C:¥temp>**volume foo.txt bar.txt 0.5**

入力も出力もテキストです。入出力のテキストはモノラル形式、ステレオ形式のどちらでも構いません。WAVファイルをテキストへ変換する、およびテキストをWAVファイルへ変換する方法は「第5章　WAV入門」を参照してください。あるいは、「第5章　WAV入門」を参考に、直接WAVファイルを入力にして、出力をWAVファイルへ変更するのもよいでしょう。

7.2 バランス変更

バランスを変更するプログラムを紹介します。以降にソースリストを示します。

リスト7.2●Source.cpp（¥07besicEffects¥02balance）

```cpp
#define _CRT_SECURE_NO_WARNINGS
#include <stdio.h>
#include <stdlib.h>

//------------------------------------------------------------
//effect
void
effect(const char   *in, const char *out, const float secCycle)
{
  FILE *fpin = NULL, *fpout = NULL;
  const float SAMPLE_HZ = 44100.0f;
  int l, r;

  try
  {
    if ((fpin = fopen(in, "rt")) == NULL)
      throw "入力ファイルをオープンできません.";
    if ((fpout = fopen(out, "wt")) == NULL)
      throw "出力ファイルをオープンできません.";

    int numOfhalfSamplings = (int)((SAMPLE_HZ*secCycle)/2.0f);
                                    //1周期の1/2サンプリング数

    int currentSample = 0;
    int deltaPriod = 1;
    while (true)
    {
```

```
        if (fscanf(fpin, "%d", &l) != 1)
          break;
        if (fscanf(fpin, "%d", &r) != 1)
          break;

        float amp = (float)
                  currentSample / (float)numOfhalfSamplings;

        currentSample += deltaPriod;
        if (currentSample <= 0)
          deltaPriod = 1;
        if (currentSample >= numOfhalfSamplings)
          deltaPriod = -1;

        l = (short)((float)l * amp);
        r = (short)((float)r * (1.0f - amp));

        fprintf(fpout, "%d\n%d\n", l,r);
      }
    }
    catch (char *str)
    {
      fputs(str, stderr);
    }
    fclose(fpin);
    fclose(fpout);
}


//-----------------------------------------------------------
// main
int
main(int argc, char *argv[])
{
  float secCycle = 1.0f;

  try
  {
```

```
    if (argc < 3)                //引数チェック
        throw "引数に <入力.txt> <出力.txt> [周期{秒}を指定してください.";

    if (argc > 3)                //引数チェック
        float secCycle = (float)atof(argv[3]);

    effect(argv[1], argv[2], secCycle);

    fprintf(stderr, "¥n[%s] を [%s] へ変換しました.¥n", argv[1],
        argv[2]);
    }
    catch (char *str)
    {
        fputs(str, stderr);
    }
    return 0;
}
```

　入力も出力もテキストです。ファイルフォーマットは、前節と同様です。
この例はバランスを操作しますので、入力も出力も必ずステレオ形式です。
　main関数を頭から順に説明します。まず、引数の数をチェックします。
適切な引数が与えられてない場合、使用法を throw して例外を発生させま
す。例外が発生すると catch ステートメントで捕らえられ、コンソールに
メッセージとして表示されます。本プログラムは、引数に［入力ファイル
名］、［出力ファイル名］、そして［バランスの周期］を指定しなければなり
ません。周期は秒数を実数で指定します。実際の処理は effect 関数で実施
されます。最後に、完了メッセージを表示してプログラムは終了します。
　周期に指定する秒数は小数点以下まで指定できます。言葉で説明するのは
難しいため、以降に図で概念を示します。

165

図7.3●処理概要

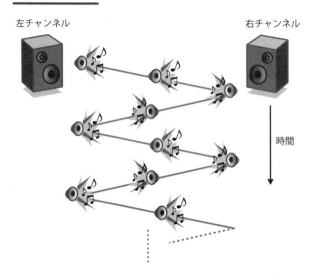

　efffect 関数で実際の処理を行います。まず、oneSampleData にバランス移行周期の半分に相当するバイト数を設定します。while 文を使用して、左右のデータを読み込み、現在の位置を示す currentSample と oneSampleData から、左右のチャンネルに乗算する乗算値を amp に求め、それぞれ左右のチャンネルに乗算します。これによって音源の中心が左右に移動します。変換した値を、標準出力に書き込みます。

■ 使用法

　プログラムの使用方法を示します。

> コマンド形式
> 　balance　<入力.txt>　<出力.txt>　　[周期]

> 使用例
> 　C:¥temp>**balance　foo.txt　bar.txt　2.5**
> 　C:¥temp>**balance　foo.txt　bar.txt**

　入力も出力もテキストです。入出力のテキストはステレオ形式として扱います。

7.3 カラオケ化

　ボーカルを削除し、カラオケを作るプログラムを紹介します。仕組みは
簡単で、ボーカルはステレオの中心に位置することを利用します。単純に右
チャンネルは、元の右チャンネルから左チャンネルを減算し、左チャンネル
は、元の左チャンネルから右チャンネルを減算します。ボーカルが複数存在
し、マイクが 1 本の場合や、ほかの音源が音源の中心に位置する場合、不
都合が発生します。ただ、いくつかの音源を試しましたが、ほとんどの場
合、処理内容に比べて良好な結果が得られました。ただ、安直な減算処理を
行うため、音圧の低下や音の広がりが低下する傾向があります。以降にソー
スリストを示します。

リスト7.3●Source.cpp（¥07besicEffects¥03karaoke）

```cpp
#define _CRT_SECURE_NO_WARNINGS
#include <stdio.h>

#ifndef min
#define min(a,b) (((a)<(b))?(a):(b))
#endif
#ifndef max
#define max(a,b) (((a)>(b))?(a):(b))
#endif

//----------------------- --------------------------------
int sub_sat_short(const int in0, const int in1)
{
  int ret = in0 - in1;

  ret = max(-32768, min(32767, ret));

  return ret;
```

7 簡単な音響操作

```cpp
}

//---------------------------------------------------------
//effect
void
effect(const char  *in, const char *out)
{
  FILE *fpin= NULL, *fpout=NULL;

  try
  {
    if ((fpin = fopen(in, "rt")) == NULL)
      throw "入力ファイルをオープンできません.";
    if ((fpout = fopen(out, "wt")) == NULL)
      throw "出力ファイルをオープンできません.";

    int l, r;

    while (true)
    {
      if (fscanf(fpin, "%d", &l) != 1)
        break;
      if (fscanf(fpin, "%d", &r) != 1)
        break;

      fprintf(fpout, "%d¥n", sub_sat_short(l, r));
      fprintf(fpout, "%d¥n", sub_sat_short(r, l));
    }
  }
  catch (char *str)
  {
    fputs(str, stderr);
  }
  fclose(fpin);
  fclose(fpout);
}
```

7.3 カラオケ化

```
//-----------------------------------------------------------
// main
int
main(int argc, char *argv[])
{
  try
  {
    if (argc < 3)                //引数チェック
      throw "引数に <入力.txt> <出力.txt>を指定してください.";

    effect(argv[1], argv[2]);

    fprintf(stderr, "¥n[%s] を [%s] へ変換しました.¥n", argv[1],
        argv[2]);
  }
  catch (char *str)
  {
    fputs(str, stderr);
  }
  return 0;
}
```

　処理内容は、これまでと似通っていますし、簡単ですので簡略化して説明
します。

　main 関数で、引数の数をチェックします。適切な引数が与えられてない
場合、使用法を throw して例外を発生させます。本プログラムは、引数に
［入力ファイル名］と［出力ファイル名］を指定しなければなりません。入
力も出力もステレオです。実際の処理は effect 関数で実施されます。最後
に、完了メッセージを表示してプログラムは終了します。

effect 関数の処理概要を図に示します。ボーカルは左右対称のため、単純に右チャンネルから左チャンネルの減算、あるいは左チャンネルから右チャンネルを減算するとボーカルを除去できます。

図7.4●処理概要

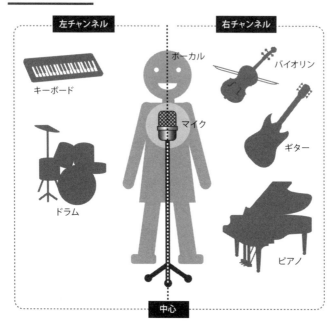

つまり右チャンネルと左チャンネルが対称である部分を除去します。バックの楽器やコーラスは、左右対称でないため残ります。このような単純な方法でボーカルを消します。バックの音が左右に振り分けられるため、オリジナルに比較してサウンドが広がったような効果を得られる場合もあります。

7.3 カラオケ化

■ 使用法

プログラムの使用方法を示します。

コマンド形式

```
karaoke  <入力.txt>  <出力.txt>
```

使用例

```
C:¥temp>karaoke  foo.txt  bar.txt
```

入力も出力もテキストで、両方のテキストはステレオ形式として扱います。

7.4 モノラル変換

ステレオをモノラルへ変換するプログラムを紹介します。本節で開発するプログラムの出力ファイルサイズは、入力ファイルサイズの半分になります。本節で開発するプログラムを、図で示します。

図7.5●処理概要

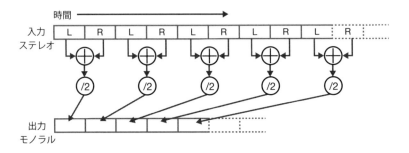

以降にソースリストを示します。

リスト7.4●Source.cpp （¥07besicEffects¥04stereo2mono）

```
#define _CRT_SECURE_NO_WARNINGS
#include <stdio.h>

//---------------------------------------------------------
//countLines
size_t
countLines(const char* fname)
{
  FILE   *fp;
  float  data;

  if ((fp = fopen(fname, "rt")) == NULL)
    throw "入力ファイルをオープンできません.";
```

7.4 モノラル変換

```cpp
  int count = 0;
  while (fscanf(fp, "%f", &data) == 1)
    count++;

  fclose(fp);

  if (count <= 0)
    throw "入力ファイルの読み込み失敗.";

  return count;
}

//-------------------------------------------------------------
//readData
void
readData(const char* fname, short data[], const size_t length)
{
  FILE *fp;
  int d;

  if ((fp = fopen(fname, "rt")) == NULL)
    throw "エラー：入力ファイルをオープンできません.";

  for (size_t i = 0; i < length; i++)
  {
    if (fscanf(fp, "%d", &d) != 1)
      throw "エラー：入力ファイルの読み込み失敗.";
    if (d > 32767 || d < -32768.0f)
      throw "エラ  ：データが範囲外.";

    data[i] - (short)d;
  }
  fclose(fp);
}

//-------------------------------------------------------------
// effect
```

173

7 簡単な音響操作

```
void
effect(const char  *out, const short* wav, size_t length)
{
  FILE *fpout = NULL;
  const float SAMPLE_HZ = 44100.0f;
  short l, r;

  try
  {
    if ((fpout = fopen(out, "wt")) == NULL)
      throw "出力ファイルをオープンできません.";

    for (size_t i = 0; i < length / 2; i += 2)
    {
      l = wav[i];
      r = wav[i + 1];

      fprintf(fpout, "%d\n", (l + r) / 2);
    }
  }
  catch (char *str)
  {
    fputs(str, stderr);
  }
  fclose(fpout);
}

//-----------------------------------------------------------
// main
int
main(int argc, char *argv[])
{
  short* wav = NULL;

  try
  {
    if (argc < 3)                //引数チェック
      throw "引数に <入力.txt> <出力.txt>を指定してください.";
```

174

7.4 モノラル変換

```
    size_t wavLength = countLines(argv[1]);
    if ((wav = new short[wavLength]) == NULL)
      throw "new 失敗.";

    readData(argv[1], wav, wavLength);     //テキスト読み込み

    effect(argv[2], wav, wavLength);

    fprintf(stdout, "¥n[%s] を [%s] へ変換しました.¥n", argv[1],
        argv[2]);
  }
  catch (char *str)
  {
    fputs(str, stderr);
  }
  if (wav != NULL)
    delete[] wav;

  return 0;
}
```

　これまでのプログラムは、処理のたびにデータをファイルから読み込み、結果をファイルへ書き込んでいました。このプログラムは、一気にメモリへデータを読み込み処理します。

　countLines 関数は、引数で渡されたファイル名使用し、そのファイルをオープンし行数を数えます。その値を呼び出し元に返します。ファイルには、1行にひとつの数値が格納されています。

　readData 関数は、引数の fname で指定されたファイルをオープンし、そのファイルから値を読み込み short 型配列の data へ格納します。引数の length は読み込むデータ数を示します。

　effect 関数は、引数 wav に格納された左チャンネルと右チャンネルを合成し、モノラルへ変換し、ファイルへ書き込みます。

　main 関数は、最初に引数の数をチェックします。適切な引数が与えら

175

れてない場合、使用法を throw して例外を発生させます。例外が発生すると catch ステートメントで捕らえられ、コンソールにメッセージとして表示されます。countLines 関数で、データ数をカウントします。この値を使用し、入力データ用の short 配列を割り付けます。readData 関数を呼び出し、入力データを short 配列 wav へ読み込みます。このデータをeffect 関数へ渡し、最後に出力ファイルに書き出します。

■ 使用法

プログラムの使用方法を示します。

コマンド形式

```
stereo2mono  <入力.txt>  <出力.txt>
```

使用例

```
C:¥temp>stereo2mono  foo.txt  bar.txt
```

入力も出力もテキストです。入力テキストはステレオ形式、出力ファイルはモノラル形式として処理します。

7.5 疑似ステレオ変換

　モノラルを疑似ステレオへ変換するプログラムを紹介します。本節で開発するプログラムの出力ファイルサイズは、入力ファイルの2倍の大きさになります。本節で開発するプログラムを、図で一般のフィルタ形式にしたものを示します。

図7.6●時間をずらす

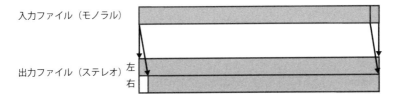

　上記処理のブロック図とインパルス応答を示します。

図7.7●ブロック図とインパルス応答

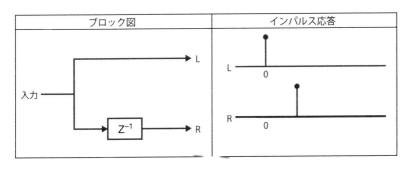

　以降にソースリストを示します。

7 簡単な音響操作

リスト7.5●Source.cpp （¥07besicEffects¥05mono2stereo）

```cpp
#define _CRT_SECURE_NO_WARNINGS
#include <stdio.h>
#include <stdlib.h>

//-----------------------------------------------------------
//countLines
size_t
countLines(const char* fname)
{
  FILE  *fp;
  float data;

  if ((fp = fopen(fname, "rt")) == NULL)
    throw "入力ファイルをオープンできません.";

  int count = 0;
  while (fscanf(fp, "%f", &data) == 1)
    count++;

  fclose(fp);

  if (count <= 0)
    throw "入力ファイルの読み込み失敗.";

  return count;
}

//-----------------------------------------------------------
//readData
void
readData(const char* fname, short data[], const size_t length)
{
  FILE *fp;
  int d;

  if ((fp = fopen(fname, "rt")) == NULL)
```

7.5 疑似ステレオ変換

```
        throw "エラー：入力ファイルをオープンできません.";

    for (size_t i = 0; i < length; i++)
    {
        if (fscanf(fp, "%d", &d) != 1)
            throw "エラー：入力ファイルの読み込み失敗.";
        if (d > 32767 || d < -32768.0f)
            throw "エラー：データが範囲外.";

        data[i] = (short)d;
    }
    fclose(fp);
}

//-----------------------------------------------------------
// effect
void
effect(const char  *out, const short* wav, size_t length,
        const float delay)
{
    FILE *fpout = NULL;
    const float SAMPLE_HZ = 44100.0f;
    short l, r;

    try
    {
        if ((fpout = fopen(out, "wt")) == NULL)
            throw "出力ファイルをオープンできません.";

        int deleyStart = (int)(SAMPLE_HZ*delay);
        for (size_t i = 0; i < length; i++)
        {
            l = r = wav[i];
            if ((int)(i - deleyStart) >= 0)
                r = wav[i - deleyStart];

            fprintf(fpout, "%d¥n", l);
            fprintf(fpout, "%d¥n", r);
```

179

```
      }
    }
    catch (char *str)
    {
      fputs(str, stderr);
    }
    fclose(fpout);
}


//----------------------------------------------------------
// main
int
main(int argc, char *argv[])
{
    short* wav = NULL;
    float delay = 0.03f;

    try
    {
      if (argc < 3)              //引数チェック
        throw "引数に <入力.txt> <出力.txt> [ディレイ{0.03}]を指定してください.";

      if (argc > 3)              //引数チェック
        delay = (float)atof(argv[3]);

      size_t wavLength = countLines(argv[1]);
      if ((wav = new short[wavLength]) == NULL)
        throw "new 失敗.";

      readData(argv[1], wav, wavLength);      //テキスト読み込み

      effect(argv[2], wav, wavLength, delay);

      fprintf(stdout, "\n[%s] を [%s] へ変換しました.\n", argv[1],
          argv[2]);
    }
    catch (char *str)
    {
```

180

```
      fputs(str, stderr);
   }
   if (wav != NULL)
      delete[] wav;

   return 0;
}
```

　前節のプログラムと近い部分が多いため、異なる部分を解説します。
countLines 関数と readData 関数は、前節とまったく同じです。

　effect 関数は、モノラルを擬似的にステレオ化します。処理は非常に簡
単で、左チャンネルにオリジナルのデータ、右チャンネルに指定された秒数
だけ遅れたデータを設定し、それをファイルに書き込みます。データの遅れ
は、引数の delay に秒を単位として格納されています。これをデータ位置
に変換し deleyStart へ格納します。この値を使用し、右チャンネルを遅
らせます。右チャンネルの初期の部分にはオリジナルの音がコピーされま
す。これだけで人間の耳にはステレオのような効果を感じさせることが可能
です。

　main 関数は、最初に引数の数をチェックします。適切な引数が与えられ
てない場合、使用法を throw して例外を発生させます。引数で指定された
時間差を、delay へ取得し、それを effect 関数の引数に指定する点が先
のプログラムと異なるだけで、ほかの部分は先のプログラムと同様です。

　このような方法でも十分効果がありますが、以降のような処理を行うと、
より綺麗に聞こえるでしょう。プログラムは示しませんが、ブロック図とイ
ンパルス応答を示します。

①オリジナルの音源にエコーをかけたのち、前節と同様の処理を行います。櫛形フィルタですが、理論はさておいて、以降にブロック図とインパルス応答を示します。

図7.8●ブロック図とインパルス応答

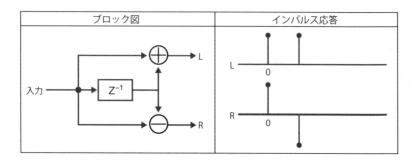

②オリジナルの音源にエコーをかけたのち、①と同様の処理を行います。①と異なるのはエコー量を調整できることです。

図7.9●ブロック図とインパルス応答

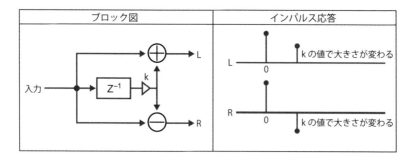

③さらに左右のチャンネルの時間的ズレを多くします。以降にブロック図とインパルス応答を示します。

図7.10●ブロック図とインパルス応答

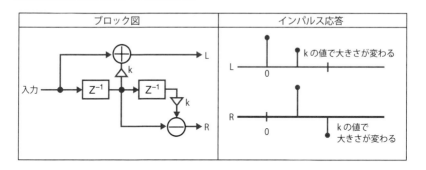

④左右のチャンネルの時間的ズレを多くし、さらに時間をズラしてみます。

図7.11●ブロック図とインパルス応答

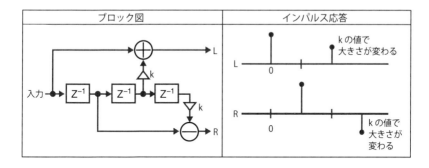

7 簡単な音響操作

■使用法

プログラムの使用方法を示します。

コマンド形式

```
mono2stereo <入力.txt> <出力.txt> [ディレイ時間]
```

使用例

```
C:¥temp>mono2stereo foo.txt bar.txt 0.2
C:¥temp>mono2stereo foo.txt bar.txt
```

入力も出力もテキストです。入力テキストはモノラル形式、出力ファイルはステレオとして処理します。

7.6 逆再生

逆再生を行うプログラムを紹介します。これまでと違い、WAV ファイルを読み込み、WAV ファイルを生成します。「第 5 章　WAV 入門」で開発したクラスを使用するのでプログラムは非常にシンプルになります。以降にソースリストを示します。

リスト7.6●Source.cpp （¥07besicEffects¥06reverse）

```cpp
#include <stdio.h>
#include "../../../Class/Cwav.h"

//---------------------------------------------------------
// effect
void
efffect(Cwav * cwav)
{
  unsigned int numOfUnits = cwav->getNumOfUnits();
  short *pMem = (short *)cwav->getPWav();
  short *pEndMem = (short *)(pMem + cwav->getSizeOfData()/2
         - cwav->getBlockAlign());

  for (unsigned int i = 0; i < numOfUnits / 4; i++)
  {
    short l = pMem[0];
    short r = pMem[1];
    pMem[0] = pEndMem[0];
    pMem[1] = pEndMem[1];
    pEndMem[0] = l;
    pEndMem[1] = r;

    pMem += 2;
    pEndMem -= 2;
  }
```

185

7 簡単な音響操作

```
}

//-----------------------------------------------------------
// main
int
main(int argc, char *argv[])
{
  Cwav cwav;

  try
  {
    if (argc!=3)                     //引数チェック
      throw "引数に <入力ファイル名> <出力ファイル名> を指定してください.";

    cwav.LoadFromFile(argv[1]);              //WAVファイルを読み込む

    if (cwav.isMonaural())
      throw "入力ファイルはステレオでなければなりません.";

    efffect(&cwav);

    cwav.SaveToFile(argv[2]);            //wav書き込み

    fprintf(stdout, "\n[%s] を [%s] へ変換しました.\n", argv[1],
        argv[2]);
  }
  catch (char *str)
  {
    fputs(str, stderr);
  }
  return 0;
}
```

　最初に制御が渡る main 関数で、引数が二つ指定されているか調べます。
本プログラムには、［入力ファイル名］と［出力ファイル名］を指定しなけ
ればなりません。引数が適切でないときは、使用法を文字列として throw

し例外を発生させます。

Cwavクラスのインスタンスcwavは、main関数の先頭で生成されています。インスタンスのLoadFromFileメソッドでWAVファイルを読み込みます。そして、efffect関数で実際の処理を行います。その結果をSaveToFileメソッドでファイルへ書き込みます。最後にメッセージを表示して、プログラムは終了します。

effect関数は、音を時間軸に対し逆転させます。forループを使用し、各サンプリング単位で処理します。扱うWAVファイルは、必ずステレオですので、1回のサンプリングで処理するバイト数は固定値です。以降に、処理の概念を図で示します。

図7.12●処理概要

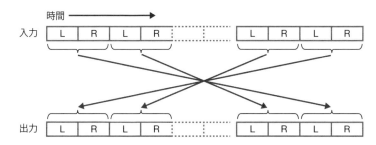

本プログラムはステレオにしか対応していませんが、モノラルへ対応するのは簡単です。モノラルの場合、LとRのペアを入れ替えるのではなく、単純に入れ替えるだけです。

■ **使用法**

プログラムの使用方法を示します。

コマンド形式
```
reverse <入力.wav> <出力.wav>
```

使用例
```
C:¥temp>reverse foo.wav ar.wav
```

入力も出力も WAV ファイルです。入出力の WAV ファイルはステレオ形
式です。

7.7 暗号化

　WAV ファイルにある操作を加え、オリジナルの音声を聞き取れないよう
に加工します。本例では、音声レベルを逆数にすることによってオリジナル
の音源を聞き取りにくくします。以降にソースリストを示します。

リスト7.7Source.cpp（¥07besicEffects¥07cript）

```cpp
#include <stdio.h>
#include "../../../Class/Cwav.h"

//----------------------------------------------------------
// effect
void
efffect(Cwav * cwav)
{
  unsigned int numOfUnits = cwav->getNumOfUnits();
  short *pMem = (short *)cwav->getPWav();

  for (unsigned int i = 0; i < numOfUnits; i++)
  {
    pMem[i] =
        pMem[i] > 0 ? 32768 - pMem[i] : -32768 - pMem[i];
  }
}

//----------------------------------------------------------
// main
int
```

7.7 暗号化

```
main(int argc, char *argv[])
{
  Cwav cwav;

  try
  {
    if (argc!=3)                    //引数チェック
      throw "引数に <入力ファイル名> <出力ファイル名> を指定してください.";

    cwav.LoadFromFile(argv[1]);          //WAVファイルを読み込む

    efffect(&cwav);

    cwav.SaveToFile(argv[2]);            //wav書き込み

    fprintf(stdout, "¥n[%s] を [%s] へ変換しました.¥n", argv[1],
        argv[2]);
  }
  catch (char *str)
  {
    fputs(str, stderr);
  }
  return 0;
}
```

　最初に制御が渡る main 関数で、引数が二つ指定されているか調べます。
引数が適切でないときは、使用法を文字列として throw し例外を発生させ
ます。Cwav クラスのインスタンス cwav は、main 関数の先頭で生成され
ています。LoadFromFile メソッドで WAV ファイルを読み込みます。そ
して、efffect 関数で実際の処理を行います。その結果を SaveToFile メ
ソッドでファイルへ書き込みます。最後にメッセージを表示して、プログラ
ムは終了します。

　effect 関数は、音声レベルを逆数にすることによってオリジナルの音
源を聞き取りにくくします。一般的に WAV データは − 32768 〜 32767
の値をとります、中心の値は 0 です。オリジナルのデータ値を v とすると、

189

値が正の場合は $(32767 - v)$ へ、負の場合は $(-32768 - v)$ へ変換します。つまり振幅幅を逆にします。

無音

データのとりうる中心値を無音と表現しますが、データが同じ値をとり続けると音は発生しません。つまり正確に表現すると、無音というのはWAVデータの値が変化しない状態です。ですので、本書で無音と表現しているものは、無音のあるひとつの状態に過ぎません。
WAVデータがある値を保持し続けるということは、スピーカでたとえるとスピーカコーンが、ある位置に保持され続けることを意味します。つまりスピーカコーンが振動していない状態です。

■ サイン波へ適用した例

サイン波へ、このプログラムを適用した例を示します。

図7.13 ● サイン波へ適用

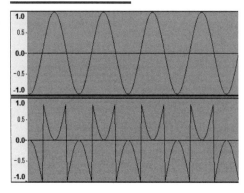

■ 使用法

プログラムの使用方法を示します。

コマンド形式

```
cript  <入力.wav>  <出力.wav>
```

使用例

```
C:¥temp>cript  foo.wav  bar.wav
```

入力も出力も WAV ファイルです。入出力の WAV ファイルはステレオでもモノラルでも構いません。

付　録

A.1 2次元のFFT

　本書では音響などの操作を解説しました。そのため、FFTWも1次元のFFTを使用します。ここで、簡単に2次元のFFTについても触れておきましょう。

　ここで解説するプログラムは、画像に対しFFT/IFFTを実施し、画像が元に戻ることを確認する基本的なプログラムです。少し工夫したのは、FFT後の結果を可視化してパワースペクトルを画像として格納する点です。

図A.1●処理概要

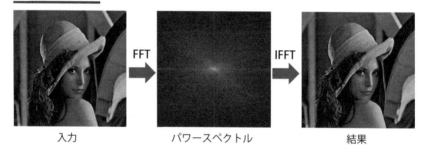

入力　　　　　パワースペクトル　　　　　結果

A.1.1　ビットマップクラス

　本プログラムにとって主要なことではありませんが、ビットマップファイルを処理する必要があるため、C++からビットマップファイルを扱うクラスCbmpを開発します。そのクラスについて概要を解説します。

■ ビットマップファイルの構造

　本章で使用するビットマップファイルの構造を解説します。ビットマップファイルに関する構造体は、各処理系が標準で用意していることもあります。しかし、ソースコードのポータビリティを高めたかったため、処理系

に依存しない純粋な C/C++ 言語のデータ型を使用して、あらためてビットマップ関係の構造体を定義しました。

図A.2●ビットマップ関係の構造体

以降にヘッダの定義ファイルを示します。

リストA.1●bitmapStruct.h（¥08fft2d¥Cbmp）

```
//
//   bitmap structs
//
// (c)Copyright Spacesoft corp., 2017 All rights reserved.
//                         Hiro KITAYAMA
#ifndef __BITMAPSTRUCT__
#define __BITMAPSTRUCT__

#pragma pack(push, 1)

typedef struct
{
    unsigned short  bfType;
    unsigned int    bfSize;
    unsigned short  bfReserved1;
    unsigned short  bfReserved2;
    unsigned int    bfOffBits;
}
```

付録

```
bmpFileHdr, *pBmpFileHdr;

typedef struct
{
    unsigned int    biSize;
    int             biWidth;
    int             biHeight;
    unsigned short  biPlanes;
    unsigned short  biBitCount;
    unsigned int    biCompression;
    unsigned int    biSizeImage;
    int             biXPelsPerMeter;
    int             biYPelsPerMeter;
    unsigned int    biClrUsed;
    unsigned int    biClrImportant;
}
bmpInfoHdr, *pBmpInfoHdr;

#pragma pack(pop)

#define SAFE_DELETE(p)    if(p!=0) { delete(p); p=0; }
#define SAFE_FREE(p)      if(p!=0) { free(p);   p=0; }

#endif // __BITMAPSTRUCT__
```

■ ビットマップファイルヘッダ

ビットマップファイルヘッダを構造体宣言したものを示します。

```
typedef struct
{
    unsigned short  bfType;        // "BM"であること
    unsigned int    bfSize;        // ファイルサイズ(バイト)
    unsigned short  bfReserved1;   // 予約
    unsigned short  bfReserved2;   // 予約
    unsigned int    bfOffBits;     // イメージ実体までのオフセット
```

```
    }
    bmpFileHdr, *pBmpFileHdr;
```

各メンバを説明します。

表A.1●メンバ

メンバ名	説明
bfType	ビットマップファイルを示す "BM" が入っている。
bfSize	ファイルのサイズが入っている、画像実体の大きさを求めるのに使用する。
bfReserved1	予約領域。
bfReserved2	予約領域。
bfOffBits	画像実体までのオフセットが入っている、本体の位置を求めるのに使用する。

■ビットマップヘッダ

ビットマップヘッダを構造体宣言したものを示します。

```
typedef struct
{
    unsigned int    biSize;          // 構造体の大きさ(バイト)
    int             biWidth;         // イメージの幅
    int             biHeight;        // イメージの高さ
    unsigned short  biPlanes;        // プレーンの数, 必ず"1"
    unsigned short  biBitCount;      // 色数
    unsigned int    biCompression;   // 圧縮タイプ
    unsigned int    biSizeImage;     // イメージのサイズ
    int             biXPelsPerMeter; // 水平解像度
    int             biYPelsPerMeter; // 垂直解像度
    unsigned int    biClrUsed;       // 重要なカラーインデックス数
    unsigned int    biClrImportant;  // 使用されるインデックス数
}
bmpInfoHdr, *pBmpInfoHdr;
```

付録

各メンバを説明します。

表A.2●メンバ

メンバ名	説明
biSize	本構造体の大きさがバイト数で格納されている。
biWidth	ビットマップの幅がピクセル単位で格納されている。
biHeight	ビットマップの高さがピクセル単位で格納されている。
biPlanes	プレーン数が入っている，この値は必ず1である。
biBitCount	1ピクセルあたりのビット数が格納されている。
biCompression	使用されている圧縮タイプが入っている。
biSizeImage	イメージのサイズがバイト単位で格納されている。非圧縮RGBビットマップの場合0が格納されている。
biXPelsPerMeter	ビットマップの水平解像度が格納されている。単位は1メートルあたりのピクセルである。
biYPelsPerMeter	ビットマップの垂直解像度が格納されている。単位は1メートルあたりのピクセルである。
biClrUsed	カラーテーブル内の実際に使用する数が格納されている。
biClrImportant	ビットマップを表示するために重要とみなされるカラーインデックス数が格納されている。0が入っている場合、すべての色が重要である。

■ クラスのヘッダと本体

次に、クラスのヘッダと本体のソースリストを示します。

リストA.2●Cbmp.h（¥08fft2d¥Cbmp）

```
//
//                _____
//               |                |
//               |   mBmpFileHdr  |  Bitmap File Header
//               |                |
//               |_____|
// mPdib----->|                   |  }
```

```cpp
//              | Bitmap Info Header| }
//              |                   | }
//              |_____| }
// mPbitmap-->|                     | } -> DIB
//              |                   | }
//              |     image  data   | }
//              |       RGB(BGRA)   | }
//              |                   | }
//              |_____| }
//
// (c)Copyright Spacesoft corp., 2017 All rights reserved.
//                  Hiro KITAYAMA
#ifndef __CBMPH__
#define __CBMPH__

#include "bitmapStruct.h"

//----------------------------------------------------------
class Cbmp
{
private:
  // ----- Methods -----
  int readHeader(FILE* fp);
  int readDib(FILE* fp);
  int writeHeader(FILE* fp);
  int writeDib(FILE* fp);
  void setBmpInfoHdr(const int width, const int height);
  void setBmpFileHdr(const int width, const int height);


  // ----- Members -------------------
  bmpFileHdr  mBmpFileHdr;              // ヘッダ



public:
  // ----- Constructor/Destructor ---------------
  Cbmp();                              // コンストラクタ
```

付録

```cpp
virtual ~Cbmp();                    // デストラクタ

// ----- Methods -----
void loadFromFile(const char* bmpFName);
int  getWidth(void) const
     { return (mPdib==0 ? 0 : mPdib->biWidth); }
int  getHeight(void) const
     { return (mPdib==0 ? 0 : mPdib->biHeight); }
int  getAbsHeight(void) const
     { return (mPdib==0 ? 0 : mAbsHeight); }
pBmpInfoHdr getPdib(void) const { return mPdib;}
unsigned char* getPbitmapBody(void) const
     { return (unsigned char*)(mPdib==0 ? 0 : mPbitmap); }
unsigned char* getScanRow(const int rowNo) const;
int  getBitsPerPixcel(void) const
     { return mPdib->biBitCount; }
void saveToFile(const char* bmpFName);
void getGSData(unsigned char* gs) const;
int  create24Dib(const int width, const int height);


// ----- Members ----------------------------
pBmpInfoHdr mPdib;            // pointer to BITMAP(DIB)
unsigned char* mPbitmap;      // pointer to image
int mDibSize;                 // size of BITMAP(DIB)
int mRowPitch;                // row per bytes
int mPixelPitch;              // pixel per bytes
int mImageSize;               // size of image
int mAbsHeight;               // absolute height
};
//-----------------------------------------------------------

#endif  /* __CBMPH__ */
```

A.1 2次元のFFT

リストA.3●Cbmp.cpp (¥08fft2d¥Cbmp)

```cpp
//
// Cbmp.cpp
//
// (c)Copyright Spacesoft corp., 2017 All rights reserved.
//                Hiro KITAYAMA
#define _CRT_SECURE_NO_WARNINGS
#include <stdio.h>
#include <stdlib.h>
#include <string.h>
#include <assert.h>
#include <sys/stat.h>      // for SIDBA
#include "bitmapStruct.h"
#include "Cbmp.h"


//-----------------------------------------------------------
// コンストラクタ
Cbmp::Cbmp()
: mPdib(NULL), mPbitmap(NULL), mDibSize(0), mRowPitch(0),
            mPixelPitch(0), mImageSize(0), mAbsHeight(0)
{
  assert(sizeof(char) ==1);
  assert(sizeof(short)==2);
  assert(sizeof(int)  ==4);
}


//-----------------------------------------------------------
// デストラクタ
Cbmp::~Cbmp()
{
  SAFE_FREE(mPdib);                  // free bmp
}


//================ vvvvvv private vvvvvv ==================
```

付録

201

```
//------------------------------------------------------------
// read bitmap file header
//
// return true :0
//       false:!0=error #
int
Cbmp::readHeader(FILE* fp)
{
  if(fread(&mBmpFileHdr, sizeof(bmpFileHdr), 1, fp)!=1)
    return -1;

  if(mBmpFileHdr.bfType!='B'+'M'*256)
    return -2;                    // not bitmap file

  return 0;
}


//------------------------------------------------------------
// read bitmap body
int
Cbmp::readDib(FILE* fp)
{
  if(fread(mPdib , mDibSize, 1, fp)!=1)    // read body
    return -1;

  if(mPdib->biBitCount!=24)
    return -2;                    // not 24bpp

  return 0;
}


//------------------------------------------------------------
// write bitmap file header
int
Cbmp::writeHeader(FILE* fp)
```

A.1 2次元の FFT

```c
{
  if(fwrite(&mBmpFileHdr, sizeof(bmpFileHdr), 1, fp)!=1)
    return -1;

  return 0;
}



//------------------------------------------------------------
// write bitmap file body
int
Cbmp::writeDib(FILE* fp)
{
  if(fwrite(mPdib , mDibSize, 1, fp)!=1)
                                      // write bitmap body
    return -1;

  return 0;
}



//------------------------------------------------------------
// set bitmap file header
void
Cbmp::setBmpInfoHdr(const int width, const int height)
{
  mPdib->biSize           =sizeof(bmpInfoHdr);
  mPdib->biWidth          =width;
  mPdib->biHeight         =height;
  mPdib->biPlanes         =1;
  mPdib->biBitCount       =24;            // 24 bpp
  mPdib->biCompression    =0;
  mPdib->biSizeImage      =0;
  mPdib->biXPelsPerMeter=0;
  mPdib->biYPelsPerMeter=0;
  mPdib->biClrUsed        =0;
  mPdib->biClrImportant =0;
}
```

付録

付録

```
//------------------------------------------------------------
// set bitmap info header
//
// set bitmap file header
// set mAbsHeight
// set mPixelPitch
// set mRowPitch
//
void
Cbmp::setBmpFileHdr(const int width, const int height)
{
  mAbsHeight=height>0 ? height : -(height);   //abs

  mPixelPitch=3;                    // 24 bpp

  mRowPitch=width*mPixelPitch;            // to 4byte boundary
  if(mRowPitch%4)
    mRowPitch=mRowPitch+(4-(mRowPitch%4));

  mBmpFileHdr.bfType='B'+'M'*256;
  mBmpFileHdr.bfSize=(mRowPitch*mAbsHeight)+
      sizeof(bmpFileHdr)+sizeof(bmpInfoHdr);
  mBmpFileHdr.bfReserved1=0;
  mBmpFileHdr.bfReserved2=0;
  mBmpFileHdr.bfOffBits=
      sizeof(bmpFileHdr)+sizeof(bmpInfoHdr);
}


//================= ^^^^^^ private ^^^^^^ ===================




//------------------------------------------------------------
// load bitmap image from file
```

A.1 2次元のFFT

```cpp
void
Cbmp::loadFromFile(const char* bmpFName)
{
  FILE* fp;
  struct stat statbuf;          // for SIDBA

  SAFE_FREE(mPdib);             // delete image

  if ((fp = fopen(bmpFName, "rb")) == 0) // open bitmap file
    throw "input file open failed.";

  if (stat(bmpFName, &statbuf) != 0)    // for SIDBA
    throw "function stat() failed.";    // for SIDBA

  if (readHeader(fp) != 0)              // read file header
  {
    fclose(fp);
    throw "failed to read bitmap file header.";
  }

  //mDibSize=mBmpFileHdr.bfSize-sizeof(bmpFileHdr);
                                        // size of dib
  mDibSize = statbuf.st_size - sizeof(bmpFileHdr);
                                        // for SIDBA
  mPdib = (bmpInfoHdr *)malloc(mDibSize);
                                        // alloc dib memory

  if (readDib(fp) != 0)         // read dib
  {
    SAFE_FREE(mPdib);
    fclose(fp);
    throw "failed to read bitmap file body.";
  }
  fclose(fp);                   // close bitmap file

  mPbitmap = (unsigned char *)(mPdib)   // move pos. to body
    +mBmpFileHdr.bfOffBits - sizeof(bmpFileHdr);
```

付
録

205

```
  mPixelPitch = mPdib->biBitCount / 8;


  mRowPitch = (mPdib->biWidth*mPixelPitch);
                              // clac. row pitch by bytes
  if (mRowPitch % 4 != 0)
    mRowPitch += (4 - (mRowPitch % 4));


  mAbsHeight = mPdib->biHeight > 0 ? mPdib->biHeight
                  : -(mPdib->biHeight);   //abs
  mImageSize = mRowPitch*mAbsHeight;
}



//------------------------------------------------------------
// get mem addr of specified scanrow#
unsigned char*
Cbmp::getScanRow(const int rowNo) const
{
  int absrowNo;

  if(mPdib==0)
    return 0;

  absrowNo=rowNo;
  if(mPdib->biHeight<0)
    absrowNo=mPdib->biHeight-rowNo-1;

  return (mPbitmap+(absrowNo*mRowPitch));
}



//------------------------------------------------------------
// save to bitmap file
void
Cbmp::saveToFile(const char* bmpFName)
{
  FILE* fp;
```

```
  if((fp=fopen(bmpFName, "wb"))!=0)    // open file
  {
    if(writeHeader(fp)==0)             // write header
    {
      if(writeDib(fp)!=0)              // write dib
        throw "failed to write dib.";
    }
    else
      throw "failed to write header.";
  }
  else
    throw "failed to open file.";

  fclose(fp);
}


//-----------------------------------------------------------
// color to grayscale
void
Cbmp::getGSData(unsigned char* gs) const
{
  unsigned char* pRow = mPbitmap;
  unsigned char* pDest = gs;

  for (int y = 0; y < mAbsHeight; y++)
  {
    for (int x = 0; x < getWidth(); x++)
    {
      float m =
        (float)pRow[(x*mPixelPitch) + 0] * 0.114478f
                                          // blue
        + (float)pRow[(x*mPixelPitch) + 1] * 0.586611f
                                          // green
        + (float)pRow[(x*mPixelPitch) + 2] * 0.298912f;
                                          // red

      *pDest = (unsigned char)m;         // gray scale
```

付録

```
        pDest++;
    }
    pRow += mRowPitch;
  }
}


//-----------------------------------------------------------
// create 24 bit DIB
int
Cbmp::create24Dib(const int width, const int height)
{
  setBmpFileHdr(width, height);

  SAFE_FREE(mPdib);                    // delete bmp
  mDibSize=mBmpFileHdr.bfSize-sizeof(bmpFileHdr);
                                       // size of dib
  mPdib=(bmpInfoHdr *)malloc(mDibSize); // alloc dib memory

  setBmpInfoHdr(width, height);

  mPbitmap=(unsigned char *)(mPdib)      // move pos. to body
            +mBmpFileHdr.bfOffBits
              -sizeof(bmpFileHdr);

  mImageSize=mRowPitch*mAbsHeight;

  memset(mPbitmap, 0xFF, mImageSize);   // init. image data

  return 0;
}
```

A.1　2次元の FFT

クラスの概要を、表 A.3 〜表 A.6 に示します.

表A.3●publicメソッド

public メソッド	説明
Cbmp(void)	コンストラクタです。
~Cbmp(void)	デストラクタです。
void loadFromFile(　const char* bmpFName)	ビットマップファイルを読み込みます。
unsigned int getWidth(　void)	画像の幅を取得します。
unsigned int getHeight(　void)	画像の高さを取得します（マイナスの値の場合もあります）。
int getAbsHeight(　void)	画像の高さの絶対値を取得します。
pBmpInfoHdr getPdib(　void)	ビットマップヘッダを指すポインタを取得します。
unsigned char* getPbitmapBody(　void)	画像データを指すポインタを取得します。
unsigned char* getScanRow(　const int rowNo)	指定したラインの先頭アドレスを取得します。
int getBitsPerPixcel(　void)	1 ピクセルのビット数を取得します。
void saveToFile (　const char* bmpFName)	ビットマップをファイルへ保存します。
void getGSData(　unsigned char* gs)	読み込んだビットマップをグレースケール画像へ変換した画像データを取得します。
void gs2bgra(　unsigned char* gs)	グレースケール画像データを BGRA 形式へ変換します。
int create24Dib(const int width, 　const int height)	指定したサイズの 24bpp ビットマップファイルを生成します。

付録

表A.4●publicメンバ

private メンバ	説明
pBmpInfoHdr mPdib	ビットマップ（DIB）を指すポインタです。
unsigned char* mPbitmap	画像データを指すポインタです。
int mDibSize	ビットマップ（DIB）のサイズです。
int mImageSize	画像データのサイズです。
int mRowPitch	1 ラインのバイト数です。
int mPixelPitch	1 ピクセルのバイト数です。
int mAbsHeight	画像の高さです。ビットマップファイルは高さがマイナスの値で格納されている場合がありますので、絶対値を保持します。

表A.5●privateメソッド

private メソッド	説明
int readHeader(FILE* fp)	ビットマップファイルヘッダを読み込みます。
int readDib(FILE* fp)	ビットマップ本体を読み込みます。
int writeHeader(FILE* fp)	ビットマップファイルヘッダを書き込みます。
int writeDib(FILE* fp)	ビットマップ本体を書き込みます。
void setBmpInfoHdr(const int width, const int height)	ビットマップ情報を設定します。
void setBmpFileHdr(const int width, const int height)	ビットマップファイルヘッダ情報を設定します。

表A.6●privateメンバ

private メンバ	説明
bmpFileHdr mBmpFileHdr	ビットマップファイルヘッダの構造体です。

　本クラスの説明は、本書の主要な項目ではありませんので、簡略に説明します。

A.1 2次元のFFT

loadFromFile メソッドは、引数で受け取ったファイル名を使用して、ディスクなどからビットマップファイルを読み込みます。読み込みに先立ち、mPdib に既にメモリが割り付けられている場合が考えられるので、SAFE_FREE マクロでメモリを解放します。次に fopen 関数でビットマップファイルを読み込みモードでオープンします。

まず、readHeader メソッドを呼び出し、bmpFileHdr を読み込みます。そして、ファイルサイズから、bmpFileHdr の大きさを減算し、ビットマップ全体のサイズ（ビットマップヘッダ＋画像データ）を mDibSize へ求めます。この値を malloc 関数に指定し、メモリを確保すると共に、割り付けたメモリのアドレスを mPdib メンバへ格納します。そして readDib メソッドで、bmpInfoHdr 構造体以降を、先ほど確保したメモリへ読み込みます。もし、読み込みに失敗したら、確保したメモリを解放し、ファイルを閉じたあと、例外をスローします。ビットマップファイルを正常に読み込めたら、ファイルを閉じ、各メンバを初期化します。

getWidth メソッドは、画像の幅をピクセル値で返します。ビットマップファイルが読み込まれていない場合、0 を返します。

getHeight メソッドは、画像の高さをピクセル値で返します。ビットマップファイルが読み込まれていない場合、0 を返します。高さはマイナスの値で格納されている場合はマイナスで、プラスの値で格納されている場合はプラスで返します。

getAbsHeight メソッドは、画像の高さをピクセル値で返します。ビットマップファイルが読み込まれていない場合、0 を返します。ビットマップヘッダの高さがプラスの値であろうがマイナスの値であろうが、絶対値を返します。

getPdib メソッドは、bmpInfoHdr 構造体を含むビットマップ全体の先頭アドレスを返します。

getPbitmapBody メソッドは、画像データが格納されている先頭アドレスを返します。ビットマップファイルが読み込まれていない場合、NULL を返します。getPdib メソッドと getPbitmapBody メソッドが返すアドレスを、図 A.3 に示します。

付録

付録

図A.3●getPdibメソッドとgetPbitmapBodyメソッド

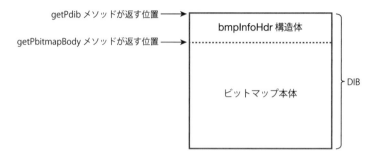

　getScanRowメソッドは、引数rowNoに対応するラインの先頭アドレスを返します。ビットマップファイルのサイズは見かけ上の大きさと同じとは限りません。ビットマップの1ラインの総バイト数が4バイトの整数倍でない場合、強制的に4バイトの整数倍になるようなダミーのデータが埋め込まれます。各ラインの先頭を探すには、ダミーの部分をスキップしなければなりません。ダミーデータが含まれる概念図を図A.4に示します。メンバmRowPitchには、ダミーデータを含んだ1ラインのバイト数が入っています。本メソッドは、このmRowPitchを使用して、rowNoが指す先頭アドレスを求めます。

図A.4●ダミーデータが含まれる概念図

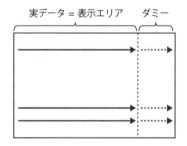

　saveToFileメソッドは、クラスが（オブジェクトが）管理しているビットマップを、渡されたファイル名でディスクへ格納します。指定された名前でファイルをオープンし、writeHeaderメソッド、writeDibメソッドで

ビットマップ全体を書き込みます。正常に書き込みが完了したらファイルを閉じると共に、ビットマップを読み込んでいたメモリを解放します。このことから、ファイルを保存したあと、ビットマップはメモリに存在しません。処理中にエラーが発生した場合、例外をスローします。

　getGSData メソッドは、画像データをグレースケールに変換して返します。読み込んだビットマップファイルは 24/32bpp でなければなりません。なお、24bpp のビットマップファイルを読み込んでいた場合、返されるデータ量は約 1/3 へ、32bpp を読み込んでいた場合、返されるデータ量は 1/4 へ減ります。24bpp の場合、約という表現になるのは、横幅のピクセル数によってダミーデータが含まれるためです。なお、グレースケールへ変換した画像データを格納するメモリは、呼び出し元で割り付けておく必要があります。

　create24Dib メソッドは、24bpp のビットマップファイルを生成します。まず、setBmpFileHdr メソッドを呼び出し、mBmpFileHdr 構造体を初期化します。既に mPdib にメモリを割り付けている場合が考えられるので、SAFE_FREE でメモリを解放します。次に、bmpInfoHdr 構造体から画像データを格納するのに必要なサイズを求め、ビットマップに必要なメモリを割り付けます。割り付けたメモリのアドレスはメンバ mPdib へ格納します。そのほか必要なメンバを設定した後、画像データ全体を 0xFF で初期化します。

　これで、ビットマップファイルに関するファイルの説明は終了です。

付録

A.1.2 プログラム本体

クラスの説明が終わりましたので、実際に FFT/IFFT を行うプログラムの本体を説明します。以降に、ソースリストを示します。

リストA.4●Source.cpp（¥08fft2d¥01fft2d）

```cpp
#define _CRT_SECURE_NO_WARNINGS
#include <stdio.h>
#include <string.h>
#include <iostream>
#include "../../Cbmp/Cbmp.h"


//-----------------------------------------------------------
// マクロの宣言
#define SP_DELETE(p)    if(p) { delete p; p=NULL;}

#include "/fftw-3.3.5-dll64/fftw3.h"
#pragma comment(lib, "/fftw-3.3.5-dll64/libfftw3f-3.lib")

using namespace std;


//-----------------------------------------------------------
// read image, RGB->Grayscale, then save it
unsigned char*
getImage(const char *fname, int *inWidth, int *inHeight)
{
  unsigned char* gs = NULL;
  Cbmp inBmp;
  inBmp.loadFromFile(fname);        // load bitmap

  int width = inBmp.getWidth();
  int height = inBmp.getAbsHeight();

  gs = new unsigned char[width*height];
```

214

A.1 2次元のFFT

```
    inBmp.getGSData(gs);                    // rgb to gray

    Cbmp outBmp;
    outBmp.create24Dib(width, height);
    for (int y = 0; y < height; y++)
    {
      unsigned char* p = outBmp.getScanRow(y);
      for (int x = 0; x < width; x++)
      {
        p[0] = p[1] = p[2] = gs[y*width + x];
        p += 3;
      }
    }
    outBmp.saveToFile("in.bmp");        // save gray bmp

    *inWidth = width;
    *inHeight = height;

    return gs;
}


//-------------------------------------------------------------
// save IFFT image
void
saveIFFTimage(const fftwf_complex *ifft, const int width,
         const int height)
{
  Cbmp outBmp;

  outBmp.create24Dib(width, height);
  for (int y = 0; y < height; y++)
  {
    unsigned char* p = outBmp.getScanRow(y);
    for (int x = 0; x < width; x++)
    {
      p[0] = p[1] = p[2] =
          (unsigned char)ifft[y*width + x][0];
```

付録

```
      p += 3;
    }
  }
  outBmp.saveToFile("ifft.bmp");              // save gray bmp
}



//---------------------------------------------------------------
//
// swap: 1 <-> 4, 2 <-> 3
//
//          |              |
//     1 |  2        4 |  3
//          |              |
//    -----+-----    -----+-----
//          |              |
//     3 |  4        2 |  1
//          |              |
//
void swap(float *a, float *b)
{
  float temp = *a;
  *a = *b;
  *b = temp;
}
void swap1234(float *real, int width, int height)
{
  int hHeight = height / 2;
  int hWidth = width / 2;

  for (int y = 0; y < hHeight; y++)
  {
    for (int x = 0; x < hWidth; x++)
    {
      swap(&real[width*y + x],
           &real[width*(hHeight + y) + hWidth + x]);
      swap(&real[width*y + hWidth + x],
           &real[width*(hHeight + y) + x]);
```

A.1 2次元の FFT

```
      }
    }
  }


//----------------------------------------------------------
// power spectol 2D
float *
powerSpectol(fftwf_complex *fft, int width, int height)
{
  float max, min, scale; // max/min of powerspectol

  float *out = new float[height * width];

  // scaled powerspectol : log(sqrt(real^2 + image^2))
  for (int i = 0; i < height*width; i++)
  {
    out[i] = log10(1.f + sqrt(pow(fft[i][0], 2) +
        pow(fft[i][1], 2)));
  }

  // normalization,  search max, min
  max = min = out[0];
  for (int i = 0; i < height*width; i++)
  {
    if (out[i] > max) max = out[i];
    if (out[i] < min) min = out[i];
  }

  // normalize, 0.0   1.0
  scale = (float)(1. / (max - min));
  for (int i = 0, i < height*width; i++)
  {
    out[i] = (out[i] - min) * scale;
  }

  swap1234(out, width, height);
```

付録

```
    return out;
}


//------------------------------------------------------------
// save PowerSpectol
void
savePowerSpectol(fftwf_complex *fft, int width, int height)
{
  float *out = powerSpectol(fft, width, height);

  Cbmp powerBmp;
  powerBmp.create24Dib(width, height);
  for (int y = 0; y < height; y++)
  {
    unsigned char* p = powerBmp.getScanRow(y);
    for (int x = 0; x < width; x++)
    {
      // 0.0 - 1.0 -> 0 - 255
      p[0] = p[1] = p[2] =
            (unsigned char)(out[y*width + x]*255.0f);
      p += 3;
    }
  }
  powerBmp.saveToFile("power.bmp");
  SP_DELETE(out);
}


//------------------------------------------------------------
// main
int
main(int argc, char* argv[])
{
  unsigned char* gs = NULL;
  int width, height;

  fftwf_complex *in, *fft, *ifft;
  fftwf_plan plan;
```

A.1 2次元の FFT

```
try
{
  if (argc < 2)
    throw "引数に<入力ファイル>を指定してください.¥n";

  //画像読み込み
  if((gs = getImage(argv[1], &width, &height))==NULL)
    throw "読み込み失敗.";

  //メモリ割り付け
  in  = (fftwf_complex *)
        fftwf_malloc(height * width *
            sizeof(fftwf_complex));
  fft = (fftwf_complex *)
        fftwf_malloc(height * width *
            sizeof(fftwf_complex));

  // inの実部に画像を詰め込む
  for (int i = 0; i < height*width; i++)
  {
    in[i][0] = (float)gs[i];
    in[i][1] = (float)0.0;
  }
  SAFE_DELETE(gs);

  // FFT
  plan = fftwf_plan_dft_2d(height, width, in, fft,
      FFTW_FORWARD, FFTW_ESTIMATE);
  fftwf_execute(plan),
  fftwf_destroy_plan(plan);

  // パワースペクトルの保存
  savePowerSpectol(fft, width, height);

  // 正規化
  for (int i = 0; i < height * width; i++)
  {
```

219

付録

```
      fft[i][0] /= height * width;
      fft[i][1] /= height * width;
    }

    // IFFT
    ifft = (fftwf_complex *)
           fftwf_malloc(height * width *
               sizeof(fftwf_complex));
    plan = fftwf_plan_dft_2d(height, width, fft, ifft,
             FFTW_BACKWARD, FFTW_ESTIMATE);
    fftwf_execute(plan);
    fftwf_destroy_plan(plan);

    // IFFTの結果を書き込む
    saveIFFTimage(ifft, width, height);

    // 領域の開放
    fftwf_free(fft);
    fftwf_free(ifft);
  }
  catch (const char* str)
  {
    cerr << str << endl;
  }
  return 0;
}
```

getImage 関数は、引数の fname を読み込みます。画像ファイルの読み
込みには Cbmp クラスを使用します。画像を読み込んだら、グレースケール
へ変更し、"in.bmp" のファイル名でディスクに保存します。グレースケー
ルデータを格納した unsigned char の配列と、縦横のサイズを inWidth
と inHeight に格納し、呼び出し元へ返します。

saveIFFTimage 関数は、IFFT の結果が格納されている fftwf_
complex 型配列 ifft の実数部を使用してビットマップへ変換し、"ifft.
bmp" のファイル名でディスクに保存します。FFT と IFFT の処理が正常に

行われていると、"ifft.bmp" と "in.bmp" は、ほぼ同じ画像になります。

swap1234関数は、象限の入れ替えを行います。図 A.5 に入れ替えの様子を示します。FFT した結果は中心部が高周波で、四隅が低周波ですが、一般的に画像処理では中心に低周波を表示しますので、象限を入れ替えます。

図A.5●処理概要

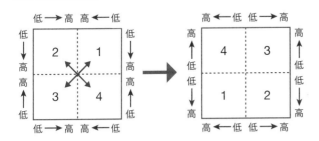

図 A.6 に、入れ替えを行った実例を示します。

図A.6●入れ替えを行った実例

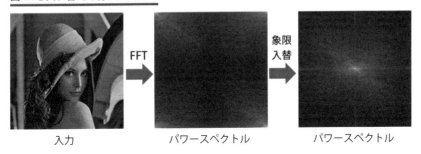

powerSpectol 関数は、パワースペクトルを計算し、結果の2次元 float 配列を返します。この2次元 float 配列には、FFT した結果を 0.0 ～ 1.0 に正規化して格納します。引数の fft.wf_complex 型配列 fft には、入力画像を FFT した結果が格納されています。width と height には、画像の横と縦のサイズが格納されています。パワースペクトルは単に FFT の結果を視覚化するだけですので、いろいろな方法があります。FFT の結果は複素数ですので、各座標は実数と虚数から成り立ちます、これを大きさで求

付録

めるには以下の式を用います。

$$p(n) = \sqrt{R^2 + I^2}$$

実数 $R = $ `fft[n][0]`、虚数 $I = $ `fft[n][1]`

FFTW は 2 次元であっても、結果を 1 次元の配列で返します。このため n を y と x で表すと、n=(y ×横幅)+x です。

なお、この結果をそのまま正規化して線形スケール輝度で表示すると、わずか 256 諧調であることと低周波成分と高周波成分に大きな差がある場合、高周波成分が黒で潰れてしまいます。一般的に画像は低周波の部分に集中しますので、高周波部分の観察が困難になります。このため、見やすくなるように対数スケールを採用します。なお、$\log_{10}$ へ与える値が 1.0 以下ではマイナスの値になるため、以降の正規化で面倒が起きないように、本来の値に 1.0 を加算して $\log_{10}$ します。このあたりはあまり意味はなく、単にプログラムをシンプルにしたいのと、パワースペクトルの可視化を考えた処理です。このような処理には、いろいろな方法があります。パワースペクトルの観察やプログラムをシンプル化できれば、どのような方法を採用しても構わないでしょう。

すべての値を求めたのち、この値を 0.0 ～ 1.0 へ正規化します。すべての値を検査し、最小値（min）と最大値（max）を求めます。そして、$p(n)$ の値を以下の式で 0.0 ～ 1.0 へ正規化し $p(n)'$ を求めます。

$$p(n)' = \frac{p(n)}{max - min}$$

このまま可視化したのでは、高周波と低周波が分散しますので、画像処理で用いられている座標系に入れ替えを行います。実際の象限の入れ替えは `swap1234` 関数で行います。

`main` 関数を頭から順に説明します。このプログラムは、コマンドラインで処理対象ファイル名を受け取ります。`argc` をチェックし、引数がひとつ指定されているか検査します。対象ファイル名が指定されていない場合、エラーを表示してプログラムを終了させます。

A.1　2次元のFFT

　次に、getImage 関数を呼び出し、指定された画像ファイルを読み込みます。この関数は画像をグレースケールに変換し、その内容を unsigned char 配列として返します。さらに、引数の width と height から画像の横と縦のサイズを返します。この関数が返した width と height を使用し、入力データを格納する fftwf_complex 型配列 in と、FFT 処理結果を格納する fftwf_complex 型配列 fft を fftwf_malloc 関数で割り付けます。

　FFT する前に in の実数部に、先に取得したグレースケール値を格納します。同時に、虚数部には 0.0 を代入します。FFT の準備ができたため、fftwf_plan_dft_2d 関数を呼び出したのち、fftwf_execute 関数で実際の FFT を行います。これによって fft 配列に FFT した結果が格納されます。fftwf_plan_dft_2d 関数で取得したプラン plan は、これ以降不要ですので、fftwf_destroy_plan 関数で破棄します。

　FFT が完了したら、savePowerSpectol 関数でパワースペクトル画像を生成し、ディスクに格納します。FFT の結果は、全画素数で除算し値を正規化しなければなりません。

　この値を fftwf_plan_dft_2d 関数で元の画像に戻します。まず、IFFT 処理結果を格納する fftwf_complex 型配列 ifft を fftwf_malloc 関数で割り付けます。準備が整ったら、fftwf_plan_dft_2d 関数を呼び出したのち、fftwf_execute 関数で実際の IFFT を行います。先と異なるのは、fftwf_plan_dft_2d 関数の 4 番目の引数が FFTW_FORWARD から FFTW_BACKWARD へ変わる点です。fftwf_plan_dft_2d 関数を呼び出したのち、fftwf_execute 関数で実際の IFFT を行います。これによって、IFFT した結果が ifft 配列に格納されます。fftwf_plan_dft_2d 関数で取得したプラン plan は、これ以降不要ですので、fftwf_destroy_plan 関数で破棄します。

　最後に、fftwf_free 関数で割り付けたメモリを解放します。

付録

■ FFTW 関数の説明

本プログラムで使用した関数を簡単に説明します。

fftwf_plan_dft_2d

本関数は複素 2 次元離散フーリエ変換のプランを作成します。基本的に fftwf_plan_dft_1d 関数を理解していれば、次元が増えるだけで、特に気を付けることはありません。

構文

```
fftw_plan fftw_plan_dft_2d(int n0, int n1, fftwf_complex *in,
    fftw_complex *out, int sign, unsigned flags);
```

引数

n0 　　　　FFT の点数です（縦）。

n1 　　　　FFT の点数です（横）。

in 　　　　入力配列へのポインタです。

out 　　　　出力配列へのポインタです。

sign 　　　正変換（FFT）か逆変換（IFFT）かを表す FFTW_FORWARD か FFTW_BACKWARD のどちらか指定します。

flags 　　　いくつかのフラグが存在しますが、一般的に FFTW_MEASURE か FFTW_ESTIMATE を指定します。ほかのフラグを知りたい人は FFTW の説明書を参照してください。FFTW_MEASURE はいくつかの FFTW を実行して実行時間を計り、一番良い方法を選択します。FFTW_ESTIMATE は、実際に実行せず最適だと思われる方法を選択します。

返却値

fftw_plan（プラン）が返されます。

■ 実行

以降に実行例を示します。最初に、平滑化を行った画像と元の画像のパワースペクトルを示します。

224

図A.7 ● 原画像とそのパワースペクトル

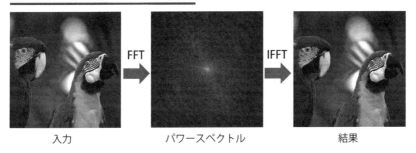

入力　　　　　　　　パワースペクトル　　　　　　　　結果

　次に、原画像に平滑フィルタ処理を適用し、その画像のパワースペクトルを表示します。

図A.8 ● 平滑化画像とそのパワースペクトル

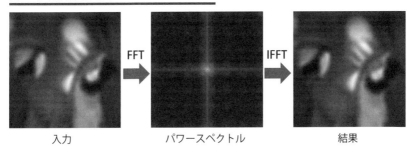

入力　　　　　　　　パワースペクトル　　　　　　　　結果

　平滑化を行った画像のパワースペクトルを観察すると、オリジナル画像に比べ低周波成分が多いのが分かります。当然ですが平滑化を行ったため、低周波成分が増加した結果です。

　パワースペクトルは、単純にFFTの結果を数値で観察するのが難しいため画像化しただけです。このため、値をログスケールせずに、単純に定数を乗算する、あるいはログスケールする際にオフセットを与えるなど、いろいろな方法があります。要は、周波数成分の分布が観察しやすければよいでしょう。使用者が特定の部分を強調して識別したければ、そのような工夫を行うとよいでしょう。いずれにしても、FFTの結果は実数と虚数で表される数値です。それを、どのように可視化するかは開発者に任せられています。

付録

今度は、いくつか画像を変えてみます。細かい模様のある（高周波成分の多い）画像と、そうでない画像のパワースペクトルを観察すると、低周波成分で構成される画像は、中心に集中し、そうでない画像は周辺部も白くなっています。

図A.9●いろいろな画像の原画像とそのパワースペクトル

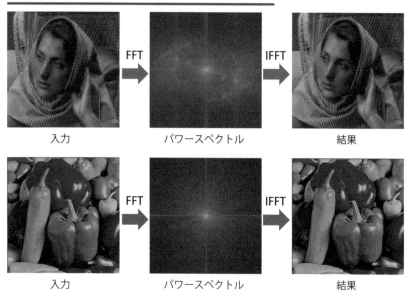

A.1.3 2次元のFFTとローパスフィルタ

先ほどのプログラムを拡張し、ローパスフィルタを開発します。FFT処理の結果の中心部だけを通過させるプログラムを開発します。先ほどのプログラムの一部を変更するだけなので、ソースリストの一部を示します。

リストA.5●Source.cpp（¥08fft2d¥02fft2dlowPass）

```
   :
   :
   :
```

A.1 2次元の FFT

```c
//-----------------------------------------------------------
//
// swap: 1 <-> 4, 2 <-> 3
//
//          |              |
//     1    |    2      4  |  3
//          |              |
//     -----+-----    -----+-----
//          |              |
//     3    |    4      2  |  1
//          |              |
//
void swap(fftwf_complex *a, fftwf_complex *b)
{
  fftwf_complex temp;
  temp[0] = (*a)[0];
  temp[1] = (*a)[1];
  (*a)[0] = (*b)[0];
  (*a)[1] = (*b)[1];
  (*b)[0] = temp[0];
  (*b)[1] = temp[1];
}
void swap1234(fftwf_complex *fft, int width, int height)
{
  int hHeight = height / 2;
  int hWidth = width / 2;

  for (int y = 0; y < hHeight; y++)
  {
    for (int x = 0; x < hWidth; x++)
    {
      swap(&fft[width*y + x],
           &fft[width*(hHeight + y) + hWidth + x]);
      swap(&fft[width*y + hWidth + x],
           &fft[width*(hHeight + y) + x]);
    }
  }
}
```

付録

227

付録

```
//-----------------------------------------------------------
// power spectol 2D
float *
powerSpectol(fftwf_complex *fft, int width, int height)
{
  float max, min, scale; // max/min of powerspectol

  float *out = new float[height * width];

  // scaled powerspectol : log(sqrt(real^2 + image^2))
  for (int i = 0; i < height*width; i++)
  {
    out[i] = log10(1.f + sqrt(pow(fft[i][0], 2) +
        pow(fft[i][1], 2)));
  }

  // normalization,  search max, min
  max = min = out[0];
  for (int i = 0; i < height*width; i++)
  {
    if (out[i] > max) max = out[i];
    if (out[i] < min) min = out[i];
  }

  // normalize, 0.0 - 1.0
  scale = (float)(1. / (max - min));
  for (int i = 0; i < height*width; i++)
  {
    out[i] = (out[i] - min) * scale;
  }
  return out;
}


//-----------------------------------------------------------
// save PowerSpectol
void
```

228

A.1 2次元のFFT

```
savePowerSpectol(fftwf_complex *fft, int width, int height)
{
  float *out = powerSpectol(fft, width, height);

  Cbmp powerBmp;
  powerBmp.create24Dib(width, height);
  for (int y = 0; y < height; y++)
  {
    unsigned char* p = powerBmp.getScanRow(y);
    for (int x = 0; x < width; x++)
    {
      // 0.0 - 1.0 -> 0 - 255
      p[0] = p[1] = p[2] =
          (unsigned char)(out[y*width + x]*255.0f);
      p += 3;
    }
  }
  powerBmp.saveToFile("power.bmp");
  SP_DELETE(out);
}

//----------------------------------------------------------
// lpw pass
void
lowPass(fftwf_complex *fft, int width, int height, float pct)
{
  int len = (int)(sqrt(width*width + height*height)*pct)/2;

  for (int y = 0; y < height; y++)
  {
    for (int x = 0; x < width; x++)
    {
      int xx = width / 2 - x;
      int yy = height / 2 - y;

      int clen = (int)sqrt(xx*xx + yy*yy);
      if (clen > len)
      {
        fft[y*width + x][0] = fft[y*width + x][1] = 0.0f;
```

229

付録

```
      }
    }
  }
}


//------------------------------------------------------------
// main
int
main(int argc, char* argv[])
{
  unsigned char* gs = NULL;
  int width, height;
  float pct = 1.0f;

  fftwf_complex *in, *fft, *ifft;
  fftwf_plan plan;

  try
  {
    if (argc < 2)
      throw "引数に<入力ファイル> [%]を指定してください.¥n";

    if (argc > 2)
      pct = (float)atof(argv[2]);
    if (pct<0.0f || pct>1.0f)
      throw "0.0 ～ 1.0以外の指定です.¥n";

    //画像読み込み
    if((gs = getImage(argv[1], &width, &height))==NULL)
      throw "読み込み失敗.";

    //メモリ割り付け
    in  = (fftwf_complex *)
         fftwf_malloc(height * width *
             sizeof(fftwf_complex));
    fft = (fftwf_complex *)
         fftwf_malloc(height * width *
             sizeof(fftwf_complex));
```

A.1 2次元のFFT

```
// inの実部に画像を詰め込む
for (int i = 0; i < height*width; i++)
{
  in[i][0] = (float)gs[i];
  in[i][1] = (float)0.0;
}
SAFE_DELETE(gs);

// FFT
plan = fftwf_plan_dft_2d(height, width, in, fft,
    FFTW_FORWARD, FFTW_ESTIMATE);
fftwf_execute(plan);
fftwf_destroy_plan(plan);

swap1234(fft, width, height);

lowPass(fft, width, height, pct);

// パワースペクトルの保存
savePowerSpectol(fft, width, height);

swap1234(fft, width, height);

// 正規化
for (int i = 0; i < height * width; i++)
{
  fft[i][0] /= height * width;
  fft[i][1] /= height * width;
}

  :
  :
  :
```

getImage 関数、saveIFFTimage 関数は先のプログラムと同じです。
swap1234 関数は、象限の入れ替えを行います。機能としては同じです

231

が、先のプログラムはパワースペクトル用の float 型の配列を扱ったのに対し、本プログラムは、FFT 処理した fftwf_complex 型の配列そのものの象限を入れ替えます。

powerSpectol 関数も先のプログラムとほとんど同様ですが、main 関数で象限入れ替えを済ますため、関数の最後で呼び出していた swap1234 関数の呼び出しが不要になります。

savePowerSpectol 関数は、先のプログラムと同じです。

lowPass 関数は、画像の対角線の半分を 100% として、中心部の何 % を通過させるかを処理する関数です。この % はコマンドラインの引数で与えます。なお、% と表記しましたが、実際に与える数値は 0.0 〜 1.0 です。例えば、0.3 を与えると中心部の 30% を通過させます。図 A.10 で説明します。

図A.10●100%の範囲

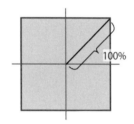

図 A.11 に、0.3 と 0.5 を与えた様子を示します。

図A.11●0.3と0.5を与えたとき

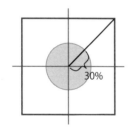 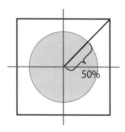

処理の詳細は実行例を参考にしてください。

main 関数を頭から順に説明します。このプログラムは、コマンドラインで処理対象ファイル名とローパスフィルタの割合を与えます。引数にファイル名が指定されていない場合、エラーを表示してプログラムを終了させます。fftwf_plan_dft_2d 関数を使用して FFT を行う部分までは、先のプログラムと同様です。FFT が成功したら、swap1234 関数を呼び出して象限の入れ替えを行います。次に、lowPass 関数を呼び出して、中心部の低周波成分を通します。ローパス処理が終わったら、再び swap1234 関数を呼び出し IFFT 処理に備えます。以降は、先のプログラムと同じです。

■ 実行

以降に実行例を示します。最初に、ローパスの引数を与えなかった場合を示します。

図A.12●実行例（100%）

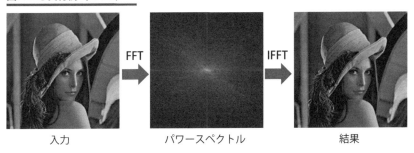

次に、弱いローパスフィルタ処理を行ったものを示します。引数に 0.5 を与えたものを示します。中心部の低周波成分を比較的大きく通過させ、周辺部を削除します。高周波成分を少し削除したくらいでは、ほとんど画像の劣化は感じられません。

図A.13●実行例（50%）

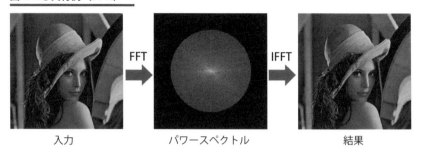

今度は、引数に 0.3 を与えたものを示します。このくらいになると紙面では分かりにくいですが、肉眼では明らかに高周波成分が劣化しているのを確認できます。

図A.14●実行例（30%）

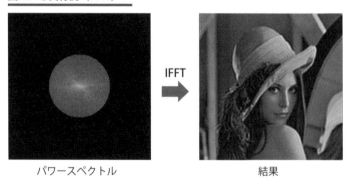

最後に、0.1 と 0.05 を与えたものを示します。さすがに、これほど高周波成分を削ると画像は劣化します。ただし、低周波成分を残していますので、画像の概要を識別するのは簡単です。人間の目が低周波成分に敏感なのを知ることができます。

A.1 2次元のFFT

図A.15●実行例（10%と5%）

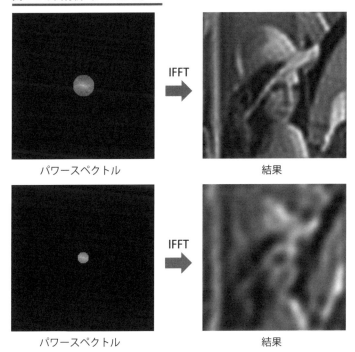

パワースペクトル　　　　結果

パワースペクトル　　　　結果

付録

A.2 倍精度小数点で FFT

　FFTW の使用法を紹介してきましたが、すべて単精度の浮動小数点を使用しました。ここでは、「6.2　FFT でフィルタ」で解説したプログラムを倍精度浮動小数点で書き直したプログラムを紹介します。基本的に使用法や動作は同じですが、倍精度浮動小数点を用いますので精度は格段に向上します。精度以外は、先のプログラムと変わりはありません。以降に、ソースリストを示します。

リストA.6●Source.cpp （¥09precision¥01fftfird）

```cpp
#define _CRT_SECURE_NO_WARNINGS
#include <stdio.h>
#include <string.h>

//-----------------------------------------------------------
// マクロの宣言
#define SP_DELETE(p)    if(p) { delete p; p=NULL;}

#include "/fftw-3.3.5-dll64/fftw3.h"
#pragma comment(lib, "/fftw-3.3.5-dll64/libfftw3-3.lib")

//-----------------------------------------------------------
//countLines
size_t
countLines(const char* fname)
{
  FILE  *fp;
  float data;

  if ((fp = fopen(fname, "rt")) == NULL)
    throw "入力ファイルをオープンできません.";
```

236

A.2 倍精度小数点で FFT

```cpp
  int count = 0;
  while (fscanf(fp, "%f", &data) == 1)
    count++;

  fclose(fp);

  if (count <= 0)
    throw "入力ファイルの読み込み失敗.";

  return count;
}



//----------------------------------------------------------
//adjustAlignment
int
adjustAlignment(const int length, const int align)
{
  int lengthOfAlignment = length%align ?
    ((length / align) + 1)*align : length;

  return lengthOfAlignment;
}

//----------------------------------------------------------
// 2の累乗
// 見つからないときはマイナスが返る。
int
nextPower2(const int in)
{
  int i = 2;

  while (true)
  {
    if (i >= in)
      break;

    i <<= 1;
```

237

付録

```
    if (i < 0)
      break;
  }
  return i;
}

//------------------------------------------------------------
//readAndZeropad
//
// data read and padding zero
void
readAndZeropad(const char* fname, double d[],
                const int orgLength, const int length)
{
  FILE *fp;

  if ((fp = fopen(fname, "rt")) == NULL)
    throw "ファイルをオープンできません.";

  for (int i = 0; i< orgLength; i++)
    fscanf(fp, "%lf", &d[i]);

  fclose(fp);

  for (int i = orgLength; i < length; i++)
    d[i] = 0.0f;
}

//------------------------------------------------------------
//fftAndZeroPadding
//
// dataの要素数はlength -> inへlength*2、後半は0を埋める
// outの要素数はlength+1
//
// FFT点数はlength*2
//
void
ZeroPaddingAndFft(fftw_complex *out, double data[],
```

238

A.2 倍精度小数点で FFT

```cpp
              const int length)
{
  double *in = new double[length * 2];
  memcpy((void*)in, data, sizeof(data[0])*length);
  for (int i = length; i<length * 2; i++)  // Zero padding
    in[i] = 0.0f;

  fftw_plan plan = fftw_plan_dft_r2c_1d(length * 2, in, out,
        FFTW_ESTIMATE);
  fftw_execute(plan);
  fftw_destroy_plan(plan);

  delete in;
}

//----------------------------------------------------------
//mulComplex
//
// overwrite d
//
// Z1 = a + jb, Z2 = c + jd ( j: image)
//
// Z3 = Z1*Z2
//    = (a + jb)(c + jd )
//              2
//    = ac + jad  + jbc + jbd
//    = (ac - bd ) + j(ad + bc)
//
void
mulComplex(fftw_complex *k, fftw_complex *d, int length)
{
  for (int i = 0; i<length; i++)
  {
    double real = (k[i][0] * d[i][0]) - (k[i][1] * d[i][1]);
                                      // (ac - bd )
    double imag = (k[i][0] * d[i][1]) + (k[i][1] * d[i][0]);
                                      // j(ad + bc)
    d[i][0] = real;
```

付録

```c
    d[i][1] = imag;
  }
}


//-----------------------------------------------------------
//dataIFFT(ifft)
void
dataIFFT(double *dIFFT, fftw_complex *dFFT, const int length)
{
  fftw_plan plan = fftw_plan_dft_c2r_1d(length, dFFT, dIFFT,
        FFTW_ESTIMATE);
  fftw_execute(plan);
  fftw_destroy_plan(plan);

  for (int i = 0; i < length; i++)
    dIFFT[i] /= (float)length;
}

//-----------------------------------------------------------
//main
//
// *d: データ, *k: 係数, *z: 結果
//
// kOrgLength: *dのオリジナル長
// dOrgLength: *kのオリジナル長
// kLength: kOrgLengthを2の累乗に調整した長さ
// dLength: dOrgLengthをkLengthに調整した長さ
//
// *dFFT: *dを一定長でFFTした結果
// *kFFT: *kをFFTした結果
//
int
main(int argc, char* argv[])
{
  double *d = NULL, *k = NULL, *z = NULL, *dIFFT = NULL;
  fftw_complex *dFFT = NULL, *kFFT = NULL;
  int dLength, kLength, dOrgLength, kOrgLength;
```

A.2 倍精度小数点で FFT

```
try
{
  if (argc != 3)
    throw "<データファイル名> <係数ファイル名> を指定してください.";

  char* dName = argv[1];
  char* kName = argv[2];

  kOrgLength = (int)countLines(kName);
  kLength = nextPower2(kOrgLength);    // aligns power2(n)
  dOrgLength = (int)countLines(dName);
  dLength = adjustAlignment(dOrgLength, kLength);
                                       // align FFT tap

  d = new double[dLength];             // データ用メモリ割付
  k = new double[kLength];             // 係数用メモリ割付

  readAndZeropad(kName, k, kOrgLength, kLength);
                                // 係数読込,  w/ zeropad
  readAndZeropad(dName, d, dOrgLength, dLength);
                                // データ読込, w/ zeropad

  // 係数をFFT
  int kFFTlength = kLength + 1;        // length of FFT(係数)
  kFFT = fftw_alloc_complex(kFFTlength);
  ZeroPaddingAndFft(kFFT, k, kLength);


  // データをFFT
  int dFFTlength = dLength + (dLength / kLength);
                                // length of FFT(データ)
  dFFT = fftw_alloc_complex(dFFTlength);
  for (int i = 0; i < dLength; i += kLength)
    ZeroPaddingAndFft(&dFFT[i + (i / kLength)], &d[i],
          kLength);
```

付
録

241

付録

```
  // 係数をFFT × データをFFT の複素数乗算
  for (int i = 0; i < dFFTlength; i += kFFTlength)
    mulComplex(kFFT, &dFFT[i], kFFTlength);



  // データをIFFT
  int dIFFTlength = dLength * 2;  // length of IFFT data
  dIFFT = new double[dIFFTlength];
  for (int i = 0; i < dLength; i += kLength)
    dataIFFT(&dIFFT[i * 2], &dFFT[i + (i / kLength)],
         kLength * 2);



  // オーバラップド加算
  z = new double[dLength];              // 処理結果格納用メモリ割付
  int pos = 0;
  for (int j = kLength; j < dIFFTlength - (kLength * 2);
         j += (kLength * 2))
    for (int i = 0; i < kLength; i++)
      z[pos++] = dIFFT[j + i] + dIFFT[j + i + kLength];



  for (size_t n = 0; n < dOrgLength; n++)      // 結果出力
    printf("%12.4f¥n", z[n]);
}
catch (char *str)
{
  fputs(str, stderr);
}

if (kFFT != NULL)                 // メモリ解放
  fftw_free(kFFT);
if (dFFT != NULL)
  fftw_free(dFFT);

SP_DELETE(dIFFT);
SP_DELETE(d);
```

A.2 倍精度小数点で FFT

```
    SP_DELETE(k);
    SP_DELETE(z);

    return 0;
}
```

　単精度浮動小数点を使用したプログラムと倍精度浮動小数点を使用したプログラムの違いは、主に以下の点です。

①ライブラリ
　使用するライブラリが **libfftw3f**-3.lib から **libfftw3**-3.lib へ変わる。
②関数名やデータ名
　fftwf_foo から **fftw**_foo へ変わる。foo の部分は、使用する関数などで変わる。
③浮動小数点変数
　作業用の変数が **float** 型から **double** 型へ変わる。

　扱うデータのサイズが単精度浮動小数点から倍精度浮動小数点へ変わるだけで、プログラムの構造も機能も以前紹介したものと変わりありませんので、プログラムの解説は行いません。当然ですが、倍精度浮動小数点を使用するため、処理結果の精度も向上します。代わりに処理性能は低下します。

付録

243

付録

A.3 Visual Studio のバージョン

　Visual Studio Community 2015 で作成したプロジェクトを Visual Studio Community 2017 で読み込もうとすると、以降に示すダイアログが現れます。

図A.16●ソリューション操作の再ターゲット①

　[OK]をクリックするとプロジェクトは Visual Studio Community 2017 へ変更されます。以降に示すように[キャンセル]を押すと、Visual Studio Community 2015 のプロジェクトを Visual Studio Community 2017 で使用することができます。ただし、Visual Studio Community 2015 のプロジェクトを、そのまま Visual Studio Community 2017 で使用する場合は、Visual Studio Community 2015 がインストールされていることが前提です。もし、Visual Studio Community 2017 のみしかインストールしていない場合は、Visual Studio Community 2017 でプロジェクトを新規作成し、ソースファイルなどをプロジェクトへ追加してください。

A.3 Visual Studio のバージョン

図A.17●ソリューション操作の再ターゲット②

［キャンセル］を押したときのソリューションエクスプローラーの様子を示します。プロジェクト名の後に［(Visual Studio 2015)］と表示されます。［OK］をクリックするとプロジェクトは Visual Studio Community 2017 へ変更されますので、後ろの表示はありません。

図A.18●ソリューションエクスプローラー①

付録

　このまま作業を続けるとプロジェクトは Visual Studio Community 2015 のままです。このように Visual Studio Community 2017 で Visual Studio Community 2015 のプロジェクトを使用し続けても構いません。途中でプロジェクトを Visual Studio Community 2017 へ変換したい場合、プロジェクトを選択しマウスの右ボタンをクリックします。するとメニューが現れますので、[プロジェクトの再ターゲット]を選択します。

図A.19●プロジェクトの再ターゲット

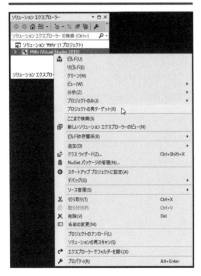

すると、プロジェクトを読み込んだときに現れたダイアログが再び現れますので、［OK］を選択しプロジェクトを Visual Studio Community 2017 用に変換します。

図A.20●ソリューション操作の再ターゲット③

以降に変換されたプロジェクトのソリューションエクスプローラーを示します。プロジェクト名に表示されていた［(Visual Studio 2015)］が消えます。

図A.21●ソリューションエクスプローラー②

ただし、インストールされている C++ の項目によっては、Visual Studio Community 2015 のプロジェクトを Visual Studio Community 2017 へ再ターゲットしても include ファイルなどを探せなくなる場合があります。そのような場合は、Visual Studio Community 2017 でプロジェクトを新規作成し、ソースファイルなどをプロジェクトへ追加してください。

付録

> **COLUMN**
>
> **.vs フォルダ**
>
> .zip ファイルを解凍したときや、プロジェクトをフォルダ丸ごとコピーすると、.vs フォルダが現れる場合があります。このフォルダは隠しフォルダですが、前記のような操作を行うと隠しフォルダの属性が取り除かれる場合があるようです。そのようなときは、そのままプロジェクトを開いてもよいのですが、目障りなので .vs フォルダを削除する場合もあるでしょう。
>
> このフォルダを削除後にプロジェクトを開くと、構成やプラットフォームがデフォルトに戻ってしまう場合があります。
>
> **図A.22●ソリューション構成／プラットフォーム①**
>
>
>
> そのような場合は、自身でソリューション構成やプラットフォームを戻してください。
>
> **図A.23●ソリューション構成／プラットフォーム②**
>
>

参考文献／参考サイト

1) FFTW ホームページ　http://www.fftw.org/
2) FFTW ドキュメント　http://www.fftw.org/fftw3_doc/
3) FFTW for version 3.3.6-pl1, 15 January 2017　Matteo Frigo, Steven G. Johnson
4) 石川高専 山田洋士 研究室ホームページ　http://dsp.jpn.org/
5) 『WAV プログラミング―C 言語で学ぶ音響処理』カットシステム、北山洋幸著
6) メタアートをコンセプトに送る iPhone アプリ開発の日々　http://iphone.moo.jp/app/?p=374
7) 国立研究開発法人 理化学研究所　http://www.riken.jp/brict/Yoshizawa/
8) 大人になってからの再学習　http://d.hatena.ne.jp/Zellij/20120612/p1
9) 『高速化プログラミング入門』カットシステム、北山洋幸著
10) FFTW@wiki　https://www32.atwiki.jp/amaeda/
11) 月の杜工房　http://mf-atelier.sakura.ne.jp/mf-atelier/
12) MathWorks Documentation　http://www.mathworks.com

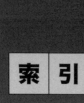

■ C

Cbmp クラス 194
CD 88
Cwav クラス 100

■ D

DFT 16

■ F

FFT 46, 50
FFT（2 次元） 194
fftw_plan_dft_r2c_1d( ) 22
fftwf_complex 型 55
fftwf_destroy_plan( ) 61
fftwf_execute( ) 60
fftwf_free( ) 59
fftwf_malloc( ) 59
fftwf_plan_dft_1d( ) 60
fftwf_plan_dft_2d( ) 224
fftwf_plan_dft_c2r_1d( ) 79
fftwf_plan_dft_r2c_1d( ) 22, 78
fftwl_plan_dft_r2c_1d( ) 22
FFT 処理 52, 71
FFT ライブラリ 16
FIR 118
FTW 16

■ I

IFFT 50
IFFT 処理 61, 80

■ W

WAV ファイル 88, 92

■ あ

暗号化 188
インクルードファイル 26
インパルス応答 177, 181
オーバーラップアッド法 128
音源 88
音声レベル 188

■ か

画像 194
カットオフ周波数 143
カラオケ化 167
疑似ステレオ変換 177
逆再生 185
逆フーリエ変換 50
共役複素数 69

■ さ

時間軸 48
システム開発環境 30
実行時のパス 29
重畳加算法 128
周波数軸 46
周波数スペクトル 126, 143

索引

スペクトル......................126, 143
積和..................................118

た

単精度小数点........................243
デジタルフィルタ..............118, 128

な

ノッチフィルタ......................144

は

倍精度小数点....................236, 243
バランス変換........................163
パワースペクトル..............221, 224
バンドストップフィルタ............144
ビットマップファイル..............194
ビルドの設定........................26
フィルタ処理........................128
フーリエ変換....................46, 50
複素共役対称........................69
複素数..............................55
ブロック図....................177, 181
平滑化..............................224
ボリューム変換......................158

ま

モノラル変換........................172

ら

ライブラリファイル..................26
離散畳み込み........................128
離散フーリエ変換....................16
ローパスフィルタ....................226

251

著者紹介

北山 洋幸（きたやま・ひろゆき）

鹿児島県南九州市知覧町出身（旧：川辺郡知覧町）、富士通株式会社、日本ヒューレット・パッカード株式会社（旧　横河ヒューレット・パッカード株式会社）、米国 Hewlett-Packard 社、株式会社 YHP システム技術研究所を経て有限会社スペースソフトを設立、現在に至る。情報処理学会員。

　　　　長らく Media Convergence 分野に傾注していましたが、最近は Parallel Computing や HPC 分野、IoT、そして再び C# や画像処理へと迷走中です。

主な著訳書

「C# グラフィックス＆イメージプログラミング」カットシステム／「C# による Windows システムプログラミング」カットシステム／「Java で始める OpenCV3 プログラミング」共著カットシステム／「IoT デバイスプログラミング入門」カットシステム／「さらに進化した画像処理ライブラリの定番 OpenCV 3 基本プログラミング」カットシステム／「高速化プログラミング入門」カットシステム／「C++ インタフェースによる OpenCV プログラミング」カットシステム／「GPU 高速動画像処理」カットシステム／「OpenCV で始める簡単動画プログラミング第 2 版」カットシステム／「実践 OpenCV 2.4 映像処理＆解析」カットシステム協力のみ／「OpenCL 応用メニーコア CPU & GPGPU 時代の並列処理」カットシステム／「WAV プログラミング C 言語で学ぶ音響処理［増補版］」カットシステム／「Win32 ／ 64 API システムプログラミング」カットシステム／「OpenCL 入門―GPU& マルチコア CPU 並列プログラミング for MacOS Windows Linux」株式会社秀和システム協力のみ／「OpenMP 入門―マルチコア CPU 時代の並列プログラミング」株式会社秀和システム／「NET フレームワークのための C# システムプログラミング VS2008 対応」カットシステム／「IA-32SIMD リファレンスブック 上，下」共著カットシステム／「共通課程情報学総論」共著近代科学社／／「アセンブラ画像処理プログラミング―SIMD による処理の高速化」共著カットシステム／「実践 Windows インターネットプログラミング」カットシステム／「JBuilder6 で組む！はじめての Java」技術評論社／「Java によるはじめてのインターネットプログラミング」技術評論社／「基本プロトコル解説から IEEE1394 機器の設計、ドライバ開発まで」共著 CQ 出版社／「インターネットプログラミング 300 の技」共著技術評論社／「パソコンユーザーのためのプリンタいろいろガイド」共著トッパン／「C++ Builder インターネットプログラミング」技術評論社／「ネットワーク機器」共著オーム社／「サバイバルマクロプログラミング作法」監修トッパン／「オープン・コンピューティング図解ブック」共著オーム社ほか多数

月刊誌、辞典、季刊誌などへのコラム・連載の執筆多数。

FFTW と音響処理
FFTW ライブラリの利用と WAV ファイルの扱い

2017 年 7 月 20 日　　　初版第 1 刷発行

著　者　　北山 洋幸　著
発行人　　石塚 勝敏
発　行　　株式会社 カットシステム
　　　　　〒 169-0073 東京都新宿区百人町 4-9-7　新宿ユーエストビル 8F
　　　　　TEL （03）5348-3850　　FAX （03）5348-3851
　　　　　URL　http://www.cutt.co.jp/
　　　　　振替　00130-6-17174
印　刷　　シナノ書籍印刷 株式会社

本書に関するご意見、ご質問は小社出版部宛まで文書か、sales@cutt.co.jp 宛に
e-mail でお送りください。電話によるお問い合わせはご遠慮ください。また、本書の内容
を超えるご質問にはお答えできませんので、あらかじめご了承ください。

■ 本書の内容の一部あるいは全部を無断で複写複製（コピー・電子入力）することは、法律で認められた
　場合を除き、著作者および出版者の権利の侵害になりますので、その場合はあらかじめ小社あてに許
　諾をお求めください。

Cover design　Y.Yamaguchi　　© 2017 北山 洋幸

Printed in Japan　ISBN978-4-87783-424-1